LES
CHEVAUX
DE PUR SANG
EN FRANCE & EN ANGLETERRE

PAR

E. HOUËL

DEUXIÈME PARTIE — (FRANCE)

PARIS
CHEZ MADAME BOUCHARD-HUZARD
7, RUE DE L'ÉPERON, 7
1866

LES

CHEVAUX DE PUR SANG

EN FRANCE ET EN ANGLETERRE

PARIS — TYPOGRAPHIE MORRIS ET Cⁱᵉ, 64, RUE AMELOT.

LES
CHEVAUX
DE
PUR SANG
EN FRANCE & EN ANGLETERRE

PAR

E. HOUËL

DEUXIÈME PARTIE — (FRANCE)

PARIS
CHEZ MADAME BOUCHARD-HUZARD
7, RUE DE L'ÉPERON, 7

1866

(C.)

LES
CHEVAUX DE PUR SANG
EN FRANCE ET EN ANGLETERRE

DEUXIÈME PARTIE. — FRANCE

DES CHEVAUX ARABES ET ANGLAIS QUI ONT FORMÉ L'ESPÈCE PUR SANG EN FRANCE

Le croisement des races par le cheval oriental est en usage en France depuis les temps les plus anciens ; le Midi a souvenance des chevaux mores qu'y laissèrent les soldats d'Abdérame, et les croisés répandirent dans toutes les provinces le sang d'Orient. Dans les siècles qui suivirent, les haras des grands feudataires et ceux qu'entretenaient les riches abbayes étaient peuplés de chevaux espagnols, barbes ou arabes, et plusieurs de nos races en ont gardé le cachet profondément gravé. Les races de la Navarre, du Limousin, de la Bretagne, rappellent encore, à un haut degré, cette illustre origine. Il n'est pas même jusqu'à notre cheval de trait, breton, percheron ou boulonnais, qui n'en ait conservé un reflet indélébile, non-seulement par la conformation, mais encore par la couleur de la robe, généralement grise, et les marques particulières, les zébrures, le truité, qui s'y rencontrent souvent. En France, cependant, jusqu'à nos jours, l'idée de perpétuer la descendance pure et sans mélange de ce type précieux n'avait pas été adoptée comme base d'amélioration ; et si nous en voyons quelques essais dans l'histoire hippique de notre pays, ils n'ont jamais été sérieusement mis en pratique. La première fois que nous voyons suivre et constater la filiation d'une race, c'est lorsque le haras de Deux-Ponts fut transporté à Rosières. La race de Deux-Ponts avait une origine orientale très-positive et très-prouvée : elle était de formes gracieuses, et possédait toutes les qualités qui font le bon cheval de service; son croisement avec les espèces indigènes était excellent, et plusieurs des sujets qui en sont issus ont prouvé, dans le début des courses en France, qu'ils étaient susceptibles de beaucoup de fonds et d'une grande vitesse. Malheureusement cette race n'avait pas reçu originairement la sanction des épreuves. Formée d'après le principe allemand, qui consiste à appareiller les individus selon la conformation, et tout au plus l'aptitude au travail, elle n'avait point subi le baptême nécessaire des courses, qui confère au pur sang anglais une supériorité marquée sur les races pures continentales. Quoi qu'il en soit, il est regrettable que cette famille ait été abandonnée; riche de son acclimatation, de sa brillante conformation, de la pureté de son sang, elle eût pu, croisée avec la race pure anglaise, faire souche commune avec celle-ci, et eût avancé de longues années la race pure indigène. De bons esprits opinèrent, lors de la création du *Stud-Book* français, pour qu'elle fût comprise dans ce recueil, et soumise aux épreuves dont il devait être la base; mais l'imitation anglaise prévalut, et l'espèce de Deux-Ponts disparut sans retour.

Dès avant la révolution, un certain nombre d'étalons anglais de race pure et quelques juments avaient été introduits par le comte d'Artois et plusieurs seigneurs de l'époque; mais si leur sang existe encore dans certaines familles de demisang, la filiation pure ne fut point continuée.

Sous l'Empire, un nombre considérable d'étalons arabes furent placés, par ordre de l'Empereur, dans les haras et dans les dépôts d'étalons. On en cite plusieurs d'un grand mérite qui, comme les *Bacha*, les *Arabe*, les *Aslan*, etc., ont croisé avantageusement les races indigènes partout où ils ont été placés.

Ce ne fut qu'à l'époque de la Restauration, vers 1816, que

les premiers essais furent tentés pour entretenir une filiation pure dans les races d'origine orientale, soit par le sang oriental lui-même, soit par l'anglais, son dérivé.

Les premiers résultats constatés au *Stud Book* français son dus à l'Administration des Haras, qui entretenait alors trois jumenteries importantes, au Pin, à Pompadour, et à Rosières.

M. le duc de Guiche, par les ordres du duc d'Angoulême, établit à Meudon un haras célèbre, qui a produit pendant près de trente ans des chevaux aussi remarquables par leur conformation que par leurs qualités et leurs facultés régénératrices. On doit citer encore parmi les personnes qui ont introduit en France la race de pur sang, et qui ont donné le noble exemple de son acclimatation, M. le duc des Cars, M. Séguin, M. Rieussec, lord Seymour, et plusieurs autres.

Malheureusement, l'union du sang arabe et de la race pure anglaise, qui pouvait amener de si utiles résultats, surtout dans le midi de la France, ne fut entreprise que sur une très-petite échelle, et presque uniquement dans les haras de l'État. Les essais qui furent faits avec quelques types, parmi lesquels nous citerons le célèbre Massoud, prouvent cependant quel parti il y avait à tirer de cette voie, si favorable surtout à une acclimatation nouvelle.

Une des tristes manies françaises est l'adoption des modes étrangères sans raisonnement et sans but, sans les faire cadrer avec les temps, les lieux et les besoins. L'observateur s'étonne alors de ce qu'elles ont de vide et de peu sensé, tandis qu'en leur faisant suivre le mouvement général des esprits, on les trouverait toujours jeunes et toujours fructueuses. Comment se fait-il qu'aujourd'hui même, une immense partie de la nation, et, faut-il le dire, la plus éclairée peut-être, se demande à quoi servent les courses, et si elles ne sont pas simplement un agréable passe-temps pour les oisifs? Si les courses ne sont pas nationales comme en Angleterre, à qui la faute? A ceux qui ont voulu faire en France des courses *anglaises* au lieu d'y créer des courses *françaises*.

Les anciens, qui combattaient sur des chars, avaient fondé

des courses de chars, telles que nous les voyons décrites dans Homère et dans Virgile. Plus tard, quand cette manière de combattre fut abandonnée, ce genre de course n'en subsista pas moins comme spectacle, et finit par tomber dans le ridicule, après le Bas-Empire, parce qu'aucune idée utilitaire ne s'y attachait plus. Il en serait de même des courses à *la mode anglaise*, si chaque peuple les adoptait simplement comme mode et ne les faisait pas concourir à l'amélioration de ses races. Du moment où l'on recherchera moins à faire un bon reproducteur qu'un gagneur de prix, les courses de chevaux tomberont dans le domaine de la fantaisie, et seront mises au rang des combats de coqs et de taureaux. C'est pour obvier à ces tristes résultats que nous appelons l'attention des hommes de cheval sur cette grande question du sang et des courses, questions vitales de la science chevaline, non-seulement dans nos contrées, mais dans l'univers entier.

Les courses en France sont encore dans l'enfance ; elles n'ont pas été sérieusement étudiées au point de vue améliorateur, et la preuve c'est le petit nombre de bons étalons qu'elles ont produit. Nous pensons que des essais mûrement étudiés sur les distances, les poids, les âges, peuvent amener de meilleurs résultats. Nous avons dit, dans notre première partie, que les Anglais avaient admis dès le début de leurs courses, et jusqu'à une époque très-récente, une échelle de poids relative à la taille des chevaux, de façon à favoriser le cheval de taille moyenne aux dépens du cheval de grande taille, qui offre souvent une conformation vicieuse et décousue; cette mesure avait été adoptée à l'aurore des courses françaises; on y a renoncé : est-ce un bien, est-ce un mal? Sans nous prononcer à ce sujet, nous oserons dire qu'au moins pour le midi de la France, où la nature ne produit dans de bonnes proportions qu'un cheval de taille moyenne, et où les grandes tailles sont toujours le résultat de l'étiolement ou d'un système de charpente osseuse sans harmonie, il nous semblerait avantageux d'essayer au moins si, par ce moyen, on obtiendrait des chevaux réunissant de belles performances à une organisation plus conforme à celle que doit avoir un bon reproducteur. On a combattu notre opinion par une réponse qui la confirme en tout point. On nous a dit : que les petits chevaux étaient très-souvent les meilleurs, et qu'en Angleterre même on citait un bon nombre de petits chevaux parmi les vainqueurs. Mais, nous le savons parfaitement, et c'est précisément parce que nous pensons que le cheval de taille moyenne a plus d'ensemble, plus de vitalité, plus de tempérament et est *toujours* plus propre à la reproduction que le cheval enlevé, que nous demandons l'essai d'un système de poids qui lui donne au moins la préférence sur un genre de chevaux dont la taille, la conformation sont une véritable dégénération, qui ne peuvent aider en rien l'amélioration, et qui cependant peuvent souvent battre des chevaux mieux établis, parce qu'à travers mille défauts, ils auront une ou deux qualités qui lui assurent la victoire.

Pour revenir à notre sujet, nous disons donc que ce fut une grande faute de ne pas profiter des trésors que nous offrait le sang des Massoud, des Bédouin, des Aboufar et autres, pour créer une race nationale qui, mélangée avec la race pure anglaise, eût facilité son acclimatation, car le sang arabe se façonne merveilleusement à tous les climats, à tous les genres d'alimentation et à tous les services. Un mélange judicieux du sang arabe et du sang anglais nous eût donné des types propres au croisement bien supérieurs à ceux mêmes qui nous viennent d'Angleterre, tel que nous l'avons vu par les Eylau, les Young Massoud, les Kohel, les Eremos, etc.

Si, depuis quarante ans, nous étions entrés dans cette voie, qu'a essayé d'ouvrir l'Administration des Haras, nous n'aurions plus besoin de recourir à l'Angleterre pour nos chevaux de tête, et nul ne peut dire que nous ne serions pas appelés à lui en fournir à notre tour. En effet, tout observateur impartial conviendra que la race anglaise est atteinte d'une dégénérescence progressive qui tient, comme causes générales, à l'éloignement de son type primitif et à l'action ente mais incessante du climat, et, comme causes spéciales, à l'abus des courses de jeune âge, au défaut d'exercice des étalons une fois qu'ils ont terminé leur vie d'hippodrome, à la consanguinité forcée qui s'établit dans cette race par l'effet même de son principe qui est de rechercher toujours le cheval le plus en vogue, celui qui a le mieux couru; or, nombre de ces chevaux étant très-restreint, il en résulte que tous les chevaux de courses descendent au bout de quelques années du même étalon, soit par la mère, soit par le père. Ajoutons à cela la vente des chevaux de tête, même les plus remarquables, ce qui diminue considérablement, chaque année, le nombre des bons reproducteurs. C'est ainsi que, depuis quelque temps, l'Angleterre a perdu le plus grand nombre des types purs de ses illustres familles.

Du sang d'Émilius il ne reste plus que deux étalons de troisième ordre, Pompée et Mathématician.

Fisherman, le seul représentant de sa famille, vient d'être vendu pour l'Australie, au prix de 3,000 guinées.

West-Australian, le meilleur cheval du sang de Sorcerer, est en France.

Il ne reste guère en Angleterre, dans les grands types, que le sang de Walebone, et ce sang, quelque bon et excellent qu'il soit, s'entache chaque jour de consanguinité.

En France, nous avons plus de variété qu'en Angleterre. Nous devons au sang d'Émilius, *Royal-quand-Même*, *Électrique* et *Prime-Warden*; au sang d'Emilius et de Brutendorff croisé, *Cossak*; au sang de Walebone, *Womersley*, *Caravan*, *Nunikirck*, *Brocardo*, *Strongbow*; au sang de Sultan pur, *Flying-Dutchman*.

A l'heure qu'il est, il faut bien se pénétrer d'une chose, c'est que les courses n'ont de raison d'être sérieuse que pour la création d'une race pure procédant de l'arabe, soit par lui-même, soit par son dérivé le cheval anglais, et que cette race pure elle-même, n'a de raison d'être que pour l'amélioration des autres espèces. Chaque pays, dans le monde entier, ayant intérêt à améliorer ses races chevalines, doit donc adopter en principe les courses et le pur sang, comme l'ont fait les Anglais, dont ce sera l'éternel honneur; mais il n'est pas dit, pour cela, qu'on doit copier servilement ce qu'a fait cette grande nation. C'est en imitant avec intelligence ses institutions hippiques, et en les appropriant au sol, au climat, aux habitudes, aux mœurs et à la constitution politique de chaque pays, qu'on y parviendra.

Ce serait une grande faute aux nations méridionales d'aller chercher en Angleterre des types de la race de pur sang, qui n'y apporteraient qu'un sang relativement dégénéré. L'arabe pur doit régner dans tout l'Orient. L'Égypte, la Turquie, la Grèce, la Russie méridionale, l'Italie, les côtes d'Afrique, l'Espagne, l'Amérique du Sud, doivent se créer des races pures par le sang arabe et des institutions de courses appropriées pour les poids, pour les distances, pour les âges, à leur climat et à leurs habitudes. La Russie du Nord, l'Allemagne, la Norwége, la Suède, la Prusse et l'Amérique du Nord doivent importer chez eux le cheval anglais, soit pur, soit rafraîchi par le sang d'Orient, parce qu'il retrouvera dans ces contrées le milieu dans lequel et pour lequel il a été formé.

Quant à la France, nation mixte, elle peut faire le cheval anglais pur dans les contrées océaniques qui avoisinent l'Angleterre, qui n'en sont séparées que par un bras de mer, et qui semblent encore en faire partie, par l'air qu'on y respire, le sol qu'on y foule, l'herbe qui y croît, et ce je ne sais quoi, enfin, qui donne aux productions d'une même latitude un cachet d'uniformité et d'ensemble qui se reconnaît à première vue. Mais dans l'intérieur, et dans le Midi surtout, le cheval oriental doit croiser l'espèce anglaise pour lui rendre les qualités de sobriété et de puissance vitale que demandent un soleil plus chaud et une acclimatation différente. Si depuis cinquante ans les beaux types arabes, mâles et femelles, importés en France eussent été employés à créer une race pure dans les plaines de Tarbes, s'ils eussent été développés par un système de courses approprié, l'Arabie eût compté une succursale de plus, et le monde entier y viendrait maintenant chercher le régénérateur, qui fait défaut, même dans les antiques berceaux de l'Irak et du Needge.

Quant à l'Algérie, berceau de la race barbe, cette sœur de la race arabe, il n'y a qu'à frapper du pied pour lui rendre sa gloire première : quelques bons types arabes, un *Stud-Book* spécial, des courses, et le monde saluera encore une fois une de ces races éclatantes qui apparaissent de temps en temps dans la série des âges pour attester la puissance du génie de l'homme en élevant à son plus haut degré l'œuvre de Dieu. La création des races chevalines est semblable à celle des œuvres de l'esprit humain : elles appartiennent aux grands peuples et aux grands hommes. Les beaux-arts ont eu leurs siècles en Égypte sous les Ptolémées, en Grèce sous Périclès, à Rome sous Auguste, en Europe sous François Iᵉʳ, Léon XII et Louis XIV. — La France en tient le sceptre au dix-neuvième siècle ; c'est à elle de s'emparer encore de celui de la race équestre qui chancelle aux mains de l'Angleterre, après avoir passé tour à tour par celles des rois de Judée, des califes d'Orient, des Maures de Barbarie et des Espagnols de Charles-Quint.

Nous espérons que les grandes questions du pur sang et des courses s'élucideront peu à peu à mesure que nous avancerons dans la publication de cet ouvrage, dont nous publions aujourd'hui la seconde partie.

Nous ne dirons rien des chevaux d'Orient introduits en France avant le commencement de ce siècle ; aucun d'eux n'ayant été allié à une race pure, ne peut prendre place dans le travail que nous avons entrepris.

Afin de faciliter les recherches et de donner plus d'ensemble aux considérations que nous avons à faire valoir, nous citerons les chevaux par ordre d'introduction et non par époque de naissance.

Nous ne ferons que citer brièvement ceux qui n'ont pas produit avec la race pure.

Yemen.

Al., arabe, né en 1791. Venu en France à la suite de l'expédition d'Égypte, en 1801. Ce cheval a été successivement employé aux haras de Pompadour et au dépôt de Villeneuve-d'Agen. Il fut concédé, en 1823, à M. Peyrière.

Cophte.

Bai, né en 1797, ce cheval venait d'Égypte et fut employé aux écuries de l'Empereur Napoléon Ier. Il entra aux haras de Pompadour en 1802, y resta six ans, et fut ensuite envoyé à Rodez. Cophte revint à Pompadour en 1811, quitta de nouveau ce dépôt en 1821 pour celui de Saint-Maixent; il y resta jusqu'à l'année 1824, où il fut vendu. Cet étalon ne manquait pas de mérite; cependant il fut peu employé avec le pur sang, et n'a laissé qu'un produit de cette race qui a été vendu jeune.

Cobail.

Al., arabe, né en 1790. Ramené à la suite de l'expédition d'Égypte, ce cheval, placé d'abord dans les écuries de l'Empereur, fut cédé aux haras en 1803; il passa successivement à Pompadour, à Rodez, à Tarbes, à Perpignan, et mourut en 1820.

Arabe.

Gris, né en 1792, ce cheval avait été envoyé en présent par le dey d'Alger au Directoire; il fut placé au dépôt d'Angers en 1804, et y resta jusqu'à sa mort, arrivée en 1820. L'origine de ce cheval est inconnue, sa conformation et le nom qui lui avait été donné sembleraient indiquer qu'il était de race arabe. Cependant il est peu probable que le dey d'Alger eût choisi, pour en faire présent, un cheval de provenance étrangère. Quoi qu'il en soit, *Arabe* était un cheval magnifique, de la conformation la plus irréprochable, joignant la force à l'élégance et à la plus haute distinction. Sa puissance de reproduction était incroyable, et l'Anjou garde souvenance de la belle famille dont il fut le père. Plusieurs de ses fils entrèrent comme étalons au dépôt d'Angers. Ce cheval n'a pas été allié à la pure race, dont on ne s'occupait pas alors, et sa descendance est anéantie. En lui commence la longue et triste liste des trésors que la France a perdus, faute de savoir les employer. Le squelette d'*Arabe* est gardé comme souvenir dans la salle des cours de l'École d'équitation de Saumur.

Iman.

Bai, arabe, né en 1794. Amené en France par suite de l'expédition d'Égypte; il prit place, en 1804, au haras de Pompadour, et passa de là à celui de Rosières. Il mourut en 1821, et n'a point été allié avec la race pure.

Bertrand.

Al., arabe, né en 1794. Ce cheval fut ramené d'Égypte par le général Bertrand, dont il prit le nom. Il fut envoyé au haras de Pompadour en 1805, puis aux haras de Corbigny. Réformé en 1818.

Imarabe.

Al., arabe, né en 1801. Comme la plupart des chevaux orientaux de cette époque, ce cheval fut donné aux haras par l'Empereur Napoléon Ier, qui, comme on sait, avait une prédilection toute particulière pour le cheval arabe. Il n'en montait presque jamais d'autres. *Imarabe* avait été ramené poulain de l'expédition d'Égypte. Ce cheval fut envoyé à Pompadour en 1805, et à Villeneuve-d'Agen en 1817. Il fut concédé en 1824 à M. Bisson.

Bagdad.

Bai, arabe, né vers 1795. Ce cheval avait la même provenance que le précédent; il fut longtemps la monture favorite de l'Empereur. Entré au haras de Pompadour en 1806, il mourut en 1807. C'était un cheval de haut mérite, et cette mort prématurée fut un regret pour les éleveurs du pays.

Kochlany.

Noir, né en 1802. Ce cheval, dont l'origine est inconnue, avait été importé d'Espagne en 1807. Il est probable qu'il venait de Tunis. Envoyé à Pompadour en 1807, il passa à Rodez en 1811 et y resta jusqu'à sa mort, arrivée en 1825. *Kochlany* était grêle, enlevé et peu distingué. Cependant il est à croire qu'il était de bonne race; car sur les cinq produits de pur sang qu'il a laissés, deux de ses pouliches, *Amazone* et *Azemia*, se sont bien reproduites.

Éclair.

Gris vineux, né en 1796, est entré dans les haras en 1807, et fut d'abord envoyé à Rodez; il en sortit en 1819 pour aller à Villeneuve-d'Agen. Ramené d'Égypte par le général d'Estaing, *Éclair* fut acheté par M. de Solanet. *Éclair*, quoique charmant étalon, fut peu apprécié à cause de sa robe et de sa petite taille. Cependant il se reproduisait parfaitement, ses poulains de demi-sang étaient excellents; et sa fille de pur sang, *Bédouine* devint une bonne poulinière.

Cashef.

Alezan. Entré dans les haras en 1807, a fait la monte aux dépôts de Perpignan et de Rodez. Mort en 1814. On ne sait rien de l'origine de ce cheval, qui devait être de bonne race, car il se reproduisit bien. Il eut, avec *Houry*, le poulain *Espérance*, qui devint un reproducteur distingué.

Diezzar.

Gris, arabe. Ce cheval avait été acheté à Constantinople; on pense qu'il était né vers 1797; il fut envoyé en 1807 au dépôt de Tarbes, ou il resta jusqu'en 1816, époque de sa mort. Ce cheval était de petite taille, mais il dénotait beaucoup de sang et la plus noble origine. Il a laissé cent vingt et un produits, et parmi eux onze sont devenus étalons.

Godolphin.

Gris, arabe, né en 1801, ce cheval venait des écuries de l'Empereur; il fut envoyé en 1807 au haras du Pin, où il ne se fit pas remarquer comme producteur éminent. Il fut envoyé en 1818 à Parentignac, où il mourut en 1823.

Amrou.

Gris, né vers 1800, ce cheval fut donné aux haras par l'Empereur. On ne sait rien de son origine. Il fut envoyé au haras de Rosières en 1808, puis au dépôt de Rodez, où il mourut en 1815. C'était un très-bon reproducteur. Il produisit trois étalons dont deux pur sang, avec des juments arabes.

Moorabi.

Gris, arabe, né en 1800. Ce cheval fut acheté à Hambourg par M. d'Avangour. Il fut envoyé en 1808 au dépôt de Montier-en-Der, et passa de là successivement aux dépôts de Craon et d'Angers. Il fut concédé en 1822 à M. Paulin.

Sediman.

Gris, arabe, né en 1794, ce cheval venait du haras de Stapinitz et avait été acheté en Hongrie par M. La Barthe. Il fut placé à Pau en 1808, et concédé en 1821 à M. Dargué.

Séduisant.

Bai, arabe, né en 1802, ce cheval, comme le précédent, avait été acheté en Hongrie. Il est désigné comme *turc*. Il fut placé au dépôt de Saint-Maixent en 1808 et vendu en 1825 à M. Dupuy.

Héliopolis.

Pie rouan, importé en 1810, père et mère arabes. Né en 1798, ce cheval entra dans les haras en 1811 et fut envoyé à Rodez. Cet excellent étalon venait du manège de Versailles; il avait été la monture favorite de l'Empereur Napoléon I*er*.

Quoique fatigué par le service, ce cheval s'est parfaitement reproduit et a laissé plusieurs étalons provenant des juments arabes de l'établissement, qui sont devenus de bons reproducteurs. *Héliopolis* resta à Rodez jusqu'en 1824, année où il fut vendu.

Aboukir.

Rouan, arabe, né en 1799, ce cheval venait des écuries de l'Empereur, dont il avait été aussi la monture favorite. Il fut placé au haras de Pompadour en 1811 ; il passa à Tarbes en 1816 et à Perpignan en 1819 ; il fut vendu en 1821. C'était un très-bon reproducteur. Il ne fut pas employé avec le pur sang, mais il donna d'excellents chevaux de service.

Bacha.

Gris, né en 1801, ce cheval est désigné comme *turc*, mais c'était sans doute un arabe et même du sang le plus précieux, à en juger par la manière dont il s'est reproduit et sa riche conformation d'étalon. *Bacha* venait des écuries de l'Empereur, où il avait fait un excellent service. Il fut envoyé au haras du Pin en 1811, et y resta jusqu'en 1819, époque de sa mort. C'est à ce cheval qu'on peut rapporter les premiers croisements intelligents opérés dans ce siècle avec la race normande, et ses beaux résultats dans le Merlerault ont contribué à donner dans cette contrée une grande vogue à la race arabe. Les belles poulinières issues de *Bacha* ont répandu le sang de ce précieux étalon dans un grand nombre de familles équestres de la Normandie, et par suite dans la France entière, par les étalons qu'elles ont produits, et parmi lesquels nous nous contenterons de citer son fils, *Éclatant*, et son arrière petit-fils *Voltaire*. Aucune descendance de pur sang n'est restée de ce précieux étalon.

Chebréis.

Gris, arabe, né vers 1800, ce cheval fut envoyé au dépôt de Rosières en 1811, et y resta jusqu'en 1815, époque où il fut pris par les étrangers et conduit en Allemagne.

Scheikh.

Gris, arabe, né en 1796, sortant des écuries de l'Empereur. Ce cheval fut envoyé à Tarbes en 1811 et concédé en 1824 à M. Cazal. Très-bon étalon, d'un sang précieux, s'est bien reproduit.

Euphrate.

Gris, arabe, né en 1803, venant des écuries de l'Empereur. Envoyé à Tarbes en 1812, mort en 1821. Très-bon étalon; s'est parfaitement reproduit.

Gallipoly.

Gris, persan, né en 1803. Ce cheval venait des écuries de l'Empereur Napoléon, et fut envoyé au haras du Pin en 1813, il y resta jusqu'en 1821, où il passa ensuite à Langonnet et mourut en 1823. *Gallipoly* était un bon reproducteur, d'une haute distinction et d'un bon ensemble. Les éleveurs du Merlerault lui doivent quelques belles juments qui ont fait souche dans la contrée. On a donné à ce cheval quelques juments de race pure, mais en trop petit nombre pour juger ses produits.

Cadi.

Al., arabe, né en 1798, venant des écuries de l'Empereur. Envoyé à Rodez en 1813, à Pompadour en 1816, à Saint-Jean-d'Angely en 1817. Concédé en 1822.

Circassien.

Gris, barbe, né en 1803, venant des écuries de l'Empereur. Envoyé à Tarbes en 1813, concédé en 1827. C'était un précieux étalon qui s'est montré digne de sa race; il a donné 292 produits, six de ses poulains sont devenus étalons et ont donné 1,235 produits.

Farcem.

Noir, barbe, né en 1803, venant des écuries de l'Empereur.

Envoyé à Tarbes en 1813, à Villeneuve-d'Agen en 1817, à Libourne en 1820, vendu en 1823 à M. Duhamel.

Tamerlan Ier.

Gris, persan, né en 1798, mort en 1824. Ce cheval venait des écuries de S. M. l'empereur Napoléon Ier. Il fut envoyé à Rodez en 1814 et y resta jusqu'en 1818, puis à Tarbes jusqu'à sa mort. *Tamerlan Ier* était d'une conformation distinguée et régulière. Il a laissé bon souvenir de son passage dans les Pyrénées ; il a laissé deux pouliches de pur sang ; l'une d'elles, *Tauris*, s'est montrée bonne poulinière, et sa race a fait souche dans le Midi.

Gor.

Bai, persan. Ce cheval, né en 1802, fut acheté en Angleterre en 1818 et envoyé au dépôt de Rodez en 1819. Vendu à M. Raimond en 1828. Cet étalon était très-distingué et d'un bon genre. Il a bien produit avec le demi-sang, et a donné plusieurs poulains et pouliches qui ont fait souche dans le Midi. Malheureusement les pouliches qu'on a obtenues de lui avec le pur sang, n'ont pas été livrées à la reproduction.

Antar.

Gris, arabe, 1ᵐ 51. Ce cheval, né en 1815, fut acheté à Alep, d'une tribu qui était venue camper dans les environs avec 6,000 chevaux des meilleures races du désert. Il fut ramené par M. John Barker, consul général d'Angleterre, et acheté à Marseille en 1818, par M. Van Hoorick. *Antar* était un étalon d'un grand mérite, et l'un des plus remarquables chevaux arabes qui soient venus en France. Il fut placé au dépôt d'Arles en 1819, à Saint-Maixent en 1829, à Pau en 1831, et à Pompadour en 1834, où il mourut en 1836. On lui reprochait d'avoir les pieds un peu trop forts, défaut rare chez le cheval arabe de vraie race. Il s'est admirablement reproduit avec le demi-sang, et donné un nombre considérable d'excellents produits avec des juments pures arabes et anglaises. Il fut père de *Balsora*, de *Y.-Antar* et autres et poulinières du plus grand mérite. Il a donné 252 produits.

Abeian.

Gris, arabe, né en 1815. Ce cheval venait d'Alep; il fut acheté à Marseille par M. Van Hoorick. Il fut envoyé au dépôt d'Arles en 1819, et à Corbigny en 1820, et mourut en 1824. Ce cheval s'est montré très-bon reproducteur, il a donné 202 produits.

Ouzeley.

Gris, arabe, né en 1812, acheté en Angleterre. Envoyé à Paris en 1818, à Rosières en 1819, à Corbigny en 1820, vendu en 1827 à M. Dieir.

Sésostris II.

Bai, arabe, né en 1809, acheté à M. Damoiseau par M. de Solanet. Envoyé à Paris en 1818, à Lampounet en 1819, vendu en 1831 à M. Henry.

Wellington.

Al. arabe, né en 1810, acheté par M. de Solanet, venant des écuries du duc de Wellington. Envoyé à Parantignat en 1818, vendu en 1832 à M. Fontenelle.

Raz-el-Fedawe.

Gris, arabe, né en 1814, mort en 1833. Ce cheval venait d'Alep, il fut acheté à un consul anglais par M. Van Hoorick, fut envoyé en 1819 à Rodez, il y resta jusqu'en 1824, et passa à Pau en 1830. *Raz-el-Fedawe* était du plus précieux sang d'Orient; sa taille était de 1^m 53, taille très-élevée pour un arabe, sa conformation joignait la force à la distinction. Il a laissé plusieurs produits de pur sang qui se sont montrés bons reproducteurs, entre autres l'étalon *Java* et la poulinière *Validé*, une des bonnes mères de la race pure arabe. On cite de lui un grand nombre de chevaux de demi sang, qui ont obtenu des succès, soit comme chevaux de service, soit comme reproducteurs. Il a donné 234 produits.

Coureur.

Gris, arabe. Ce cheval, né en 1813, fut acheté à M. Gliocho, qui l'amenait de Constantinople. *Coureur* entra au dépôt de Rodez en 1820, il passa en 1825 au dépôt d'Arles, où il fit la monte jusqu'en 1832, année où il fut vendu à M. Benoist. C'était un cheval de grand mérite, doué d'une haute élégance, et qui annonçait le sang le plus précieux. Il s'est bien reproduit avec le demi-sang et a eu quelques produits avec le pur sang, qui, malheureusement, n'ont pas été livrés à la reproduction.

Almanzor.

Gris, né en 1814. Ce cheval venait d'Écosse, et quoique fils de père et mère arabes, il ne peut être considéré comme arabe. C'était, du reste, un reproducteur médiocre; il fut placé au dépôt d'Arles en 1819, et fut vendu, en 1827, à M. Chapet.

Shami.

Gris, arabe, né en 1814, venant d'Alep, acheté par M. Van Hoorick. Envoyé à Tarbes en 1819. Concédé en 1833 à M. Dupont. Ce cheval était d'une riche conformation et d'un bon sang; il s'est parfaitement reproduit; il a donné 272 produits, sur lesquels on cite 4 étalons d'un grand mérite, dont 3, restés au dépôt de Tarbes, ont donné 483 produits.

Treffi.

Gris, arabe, né en 1813, venant d'Alep et sortant des écuries du duc d'Angoulême. Envoyé à Langonnet en 1819, vendu en 1824.

Aslan.

Gris, arabe, né en 1805, venant de Syrie et sortant des écuries du roi Louis XVIII. Envoyé au haras du Pin en 1821, et à Angers en 1825, vendu en 1826. *Aslan* était d'une brillante conformation, d'une haute taille et d'une grande richesse de membres; il était probablement d'un sang très-précieux, à en juger par la manière dont il s'est reproduit pendant sa courte carrière d'étalon. Ce cheval est célèbre dans le Merlerault, où il a donné d'excellents produits de demi-sang; on cite entre autres une de ses petites filles, *Victorine*, née chez M. Souchey, et plusieurs autres poulinières remarquables, qui ont répandu son sang comme celui de *Bacha* dans la plupart des familles normandes; *Aslan* a été allié avec le pur sang; sa fille *Chloris*, par *Comus-Mare*, s'est montrée excellente poulinière; elle a donné entre autres *Marengo* et *Y.-Massoud*, qui, comme nous le dirons plus loin, ont été deux des meilleurs étalons qui aient jamais fait la monte en France, l'un dans la Normandie, l'autre dans le Midi. On a peine à comprendre comment des exemples aussi éclatants n'ont pas décidé l'administration à employer en Normandie une plus grande quantité des précieux reproducteurs arabes qu'elle possédait, et dont la plupart ont en vain, dans des contrées stériles, prodigué leur sang sans profit pour l'amélioration.

Impétueux.

Gris, arabe, né en 1812, mort en 1840. Ce cheval venait de Constantinople et faisait partie du convoi de M. Gliocho. *Impétueux* fut envoyé à Rosières en 1820, et a fait vingt ans la monte dans cet établissement. C'était un cheval précieux par sa conformation et par son origine; il appartenait aux meilleures familles du désert. C'est encore là un de ces types magnifiques qu'on ne retrouve plus et dont on devrait déplorer à jamais de voir la race anéantie. Pendant sa longue carrière d'étalon, il a donné un grand nombre de bons chevaux de service de demi-sang, mais il n'a eu que six produits de pur sang, qui tous avaient, comme le père, beaucoup de force et un haut cachet de distinction. On cite principalement, parmi les poulains de pur sang *Carthage* et *Luxor*, qui sont devenus deux des meilleurs étalons du haras de Rosières.

Téméraire.

Gris, arabe, né en 1810, acheté à M. Gliocho, venant de Constantinople. Ce cheval a fait successivement la monte au haras du Pin en 1820, à Auxerre en 1821, à Saint-Jean-d'Angély en 1829, année où il fut vendu à M. Postet. C'était un cheval léger et qui ne s'est pas montré bon reproducteur; il a été allié à la race pure sans beaucoup de succès.

Massoud.

Bai, arabe, né en 1815, ramené de Syrie par M. de Portes. Envoyé au Pin en 1821, à Tarbes en 1834, et à Pompadour en 1836, mort en 1843.

De tous les chevaux arabes qui sont venus en France depuis le commencement de ce siècle, *Massoud* est celui qui s'est fait la plus brillante réputation; ce n'est pas à dire pour cela qu'il fût le meilleur, mais seulement qu'il s'est trouvé dans des conditions exceptionnelles, et qu'il a pu être apprécié à sa juste valeur, tandis que la plupart des autres n'ayant pas été judicieusement employés, n'ont pas donné la preuve de leur mérite comme reproducteurs. Quoi qu'il en soit, *Massoud* était un étalon du plus haut mérite et comparable aux *Darley's* et aux *Godolphin-Arabian*, qui fondèrent et croisèrent si avantageusement les races pures anglaises. Nul doute que *Massoud*, à leur place, n'eût obtenu une pareille renommée; on peut juger, par le peu qu'il a fait, de ce qu'il aurait pu faire.

Massoud fut acheté par M. de Portes dans le désert de Syrie; il appartenait à la tribu des Fœdans, qui passent pour avoir les chevaux des meilleures races. Agé de quatre ans seulement, il était déjà placé si haut dans l'estime des populations, que l'achat ne s'en fit qu'avec de grandes difficultés. Quoique d'une taille peu élevée, c'était un magnifique étalon, d'une admirable harmonie dans tout son ensemble, et d'une grande force musculaire: son œil brillait d'intelligence et d'un charme particulier; sa conformation était d'une régularité si parfaite, qu'il devenait impossible de spécifier chez lui des beautés particulières, il fallait tout admirer à la fois, et si par hasard un œil scrupuleux s'attachait défavorablement à quelque partie, la compensation se trouvait à l'instant sans qu'on la cherchât. C'est ainsi qu'après avoir remarqué que la poitrine n'avait peut-être pas toute la profondeur désirable, on sentait à l'instant que ce léger défaut était racheté par la belle largeur et les puissantes proportions de la cavité thoracique. Quoi qu'il en soit, cette particularité, qui se retrouve du reste chez beaucoup de chevaux d'une grande vitesse, s'est transmise à sa descendance.

Massoud eut l'heureux destin d'être envoyé au haras du Pin, alors dirigé par M. de Bonneval, un des hommes de cheval les plus distingués que la France ait eus; il sut apprécier *Massoud* comme il savait apprécier tous les bons chevaux, et s'efforça de vaincre la répugnance des éleveurs, qui, malgré les beaux produits de *Bacha* et d'*Aslan*, ne confiaient qu'à regret leurs juments *à ce petit cheval*. Aussi les magnifiques résultats obtenus par le sang de *Massoud* proviennent presque tous de la jumenterie des haras. Allié avec le pur sang, il fut père de *Y.-Massoud* et autres bons étalons, ainsi que d'excellentes poulinières, parmi lesquelles nous citerons *Delphine*, mère d'*Eylau* et aïeule de *Franc-Picard*; *Danaé*, mère d'*Agar*, etc.

Avec le demi-sang, *Massoud* produisit l'étalon *Marmot*, magnifique carrossier qui suffirait à lui seul à la renommée d'un producteur, et dont le sang est répandu dans un grand nombre de familles normandes. *Succès*, fameux trotteur, maintenant au dépôt de Saint-Lo, est petit-fils de *Massoud* par sa mère.

Envoyé dans le Midi après treize années de séjour au Pin, et précédé de sa belle réputation comme producteur, *Massoud* fut employé avec faveur et devint père d'une riche lignée qui s'est perpétuée en demi-sang dans les principales écuries du Limousin et de Tarbes.

Mais plus le mérite des descendants de *Massoud* est reconnu maintenant, plus on doit regretter que sa race n'ait point été perpétuée dans le pur sang. Les circonstances qui ont contribué à arrêter l'introduction du sang de *Massoud*, dans notre race pure, seront un reproche éternel pour les éleveurs de notre âge. Il nous siérait mal, après cela, de condamner nos pères qui avaient attelé à une ignoble charrette le cheval qui devait s'appeler un jour *Godolphin-Arabian*. Ils avaient au moins pour excuse qu'ils ne connaissaient pas son mérite comme reproducteur. Mais *Massoud* a produit *Eylau* et *Franc-Picard*, et pendant tout le temps que lui et ses produits immédiats ont pu être employés avec avantage, on lui a refusé la qualification de pur sang.

Malheureusement ces fautes sont irréparables, car les chevaux comme *Massoud* ne se retrouvent plus; l'Orient lui-même dégénère, et si la France ne se hâte de former un haras type en Algérie, le règne du beau cheval oriental est à jamais passé.

Bédouin.

Gris, arabe, né en 1813. Ramené de Syrie par M. de Portes, ce cheval fut envoyé à Rosières en 1821 jusqu'en 1828, où il passa à Langonnet, puis à Lamballe jusqu'en 1836, enfin il fut placé à Pompadour, où il mourut en 1842.

D'après les notes de M. de Portes, *Bédouin* était un des plus beaux chevaux et des mieux conformés qu'il ait vus en Asie; il avait été vendu par le cheik de Riga, et, comme *Massoud* et plusieurs autres du même convoi, il provenait de la tribu des Fœdans. Son maître était si jaloux de la possession de ce superbe animal, qu'il ne voulut jamais permettre au comte polonais Rezisvinky de le voir, et il ne s'en défit que parce qu'il était hors d'état de payer dans le moment, au pacha d'Alep une contribution qui lui avait été imposée. C'était un magnifique cheval réunissant au plus au degré la force à l'élégance; ses membres étaient irréprochables, comme ampleur, netteté et belle direction; il accusait le sang koheil dans toute sa perfection, et l'on ne peut trop déplorer qu'un pareil cheval n'ait pas été mieux utilisé.

Bédouin fut d'abord employé au haras de Rosières; le directeur s'empressa de l'allier aux meilleures juments du haras qui descendaient de l'ancienne race de Deux-Ponts et à quelques juments de pur sang anglais. Il fut père d'excellents chevaux, entre autres de *Coradin* avec *Vandike-Junior* et de *Zopire* avec *Caprice*, qui furent des étalons de croisement de premier mérite. Il a laissé onze étalons de pur sang arabe ou anglo-arabe.

Bédouin passa en Bretagne en 1828 et fut d'abord envoyé à Langonnet, puis la même année à Lamballe. Ce cheval s'est fait un grand renom dans cette contrée, il est un des types fameux dont la Bretagne gardera longtemps le souvenir, et c'est peut-être là où ses produits ont été le plus appréciés par leurs qualités. Un grand nombre d'entre eux, directs ou indirects, se sont distingués dans les courses bretonnes, et ont ensuite été vendus comme chevaux de chasse, de guerre ou de promenade. Nous citerons parmi ce nombre un remarquable poney, né chez un meunier, qui fut d'abord acheté par le comte de Rosmorduc, et revendu ensuite à notre grand peintre de marine, M. Gudin, chez lequel il a fait l'admiration de tout Paris. Il est célèbre surtout par une course qu'il fit, battant un très-bon cheval de chasse anglais, de Saint-Brieuc à Guingamp.

Bédouin fut ensuite envoyé à Pompadour; il y a donné, comme partout, d'excellents produits : plusieurs de ses filles, issues des juments arabes ou de pur sang, du haras, sont devenues de remarquables poulinières. Mais les obstacles qui s'opposaient en France à l'introduction du sang oriental dans la race pure, anéantirent la descendance de *Bédouin* comme celle de tous les reproducteurs précieux, dont il eût suffi de quelques-uns pour créer, comme en Angleterre, une illustre et éternelle famille.

Bédouin a laissé, outre ses produits de pur sang, des chevaux de service du plus grand mérite, et s'il eût été employé et placé comme il eut dû l'être, sa renommée eût certainement égalé celle de son camarade *Massoud*.

Haleby.

Gris, arabe, né en 1813. Ce cheval fut acheté en Syrie par M. de Portes et placé à Pompadour en 1821, il y resta jusqu'en 1826, et passa au dépôt de Pau en 1827, où il mourut en 1839. *Haleby* était de la race saklawi-koheil, c'était un des premiers du convoi; rien n'égalait la perfection de ses membres et la belle expression de sa tête. Ce cheval était fortement constitué et a donné d'excellents produits. Plusieurs de ses poulains sont entrés comme étalons dans les haras de l'État.

Il n'a eu que deux produits de pur sang.

Abou-Arkoub.

Bai, arabe, né en 1814, importé en 1821. Ce cheval fut acheté en Syrie par M. de Portes et envoyé au dépôt de Blois en 1822, à Pau en 1825, puis à Tarbes en 1836. *Abou-Arkoub* était de race koheil; il provenait d'une famille de chevaux en grande réputation chez les Kurdes, désignée sous le même nom, qui signifie *père du jarret*. Ce cheval était d'une belle et forte conformation, quoique petit; on lui reprochait de donner trop *gros* et trop *commun*, singulier reproche pour un cheval arabe. Il est à regretter qu'il n'ait pas été mieux apprécié, c'est encore un de ces types perdus sans avoir laissé de descendance connue.

Abufar.

Gris, arabe, né en 1813, mort en 1829. Ramené de Syrie par M. de Portes, ce cheval fut d'abord envoyé à Rodez en 1821, puis à Pau en 1826. *Abufar* était du plus pur sang de l'Orient; il fut toujours considéré comme le meilleur cheval du convoi. Il était en grande réputation parmi les tribus de la Syrie, et employé à la reproduction des plus nobles familles. On retrouvait en lui la plus haute distinction réunie à une taille élevée et à une admirable harmonie d'ensemble; on ne voit plus de pareils chevaux. Cet étalon s'est parfaitement reproduit dans les Pyrénées, où sa descendance existe encore dans quelques-unes des meilleures familles du pays; il a laissé dix-sept produits de pur sang. Il mourut prématurément en 1829.

Berck.

Bai, arabe, né en 1805. Ramené d'Alep par M. de Portes, à qui il avait été donné par le pacha de cette ville. Il appartenait à la race du Nedjd et provenait de la tribu des Anazeh. Ce cheval fut d'abord envoyé au dépôt de Cluny en 1822, puis à Pau en 1829. Vendu en 1834 à M. Méronde. *Berck* avait tous les caractères de la plus belle race orientale, ses lignes surtout étaient d'une longueur remarquable ; ses produits portaient un cachet de haute distinction. Il a laissé dans le Charolais une brillante descendance. On lui reprochait de donner quelquefois des éparvins.

Abjer.

Noir, arabe, né en 1814, mort en 1825. Acheté à Alep par M. de Portes en 1820. Envoyé à Braisne en 1821, à Angers en 1822. C'était un cheval d'une grande élégance et d'une gracieuse conformation. Quoique un peu léger, il a donné de très-bons produits. Sa descendance a peu marqué cependant, et il n'a pas assez vécu d'ailleurs pour avoir eu le temps de se faire une réputation comme étalon.

Daber.

Gris, arabe, né en 1811, mort en 1830. Ramené de Syrie par M. de Portes en 1820. Envoyé à Pau en 1821. Ce cheval appartenait à la race du Nedjd ; sa conformation était forte et brillante, ses membres surtout étaient irréprochables. Il a donné d'excellents produits dans les Landes et dans les Pyrénées; il fut père d'un bon étalon appelé *Herda*.

Divan-Effendi.

Gris, arabe, né en 1815. Ramené de Syrie par M. de Portes en 1820. Envoyé à Corbigny en 1821, vendu en 1822 à M. Mailly. Ce cheval était fortement constitué, mais sans distinction, quoiqu'il fût de bonne origine. Il avait souffert dans le voyage et mourut jeune. Il n'a pu être suffisamment apprécié, cependant il a laissé quelques bons produits.

Gazal.

Gris, arabe, né en 1816. Mort en 1827. Ramené de Syrie par M. de Portes, envoyé à Corbigny en 1821, ce cheval, de race du Nedjd, est venu en France à l'âge de 4 ans; il n'a pas brillé comme reproducteur.

Hadjy.

Gris, arabe, né en 1815. Ramené de Syrie par M. de Portes, il provenait de la tribu des Sark-Anazeh, cultivateurs qui habitent les bords du Jourdain. Ce cheval avait appartenu au cheik de Tibériade. Il fut acheté 3,750 fr. *Hadjy* était un charmant étalon, qui n'a pas été apprécié suivant son mérite. Envoyé à Saint-Maixent en 1821, vendu en 1833 à M. de Blois.

Kebeche.

Gris, arabe, né en 1823. Ramené de Syrie par M. de Portes, envoyé à Angers en 1821, vendu en 1831 à M. de Varennes. Ce cheval appartenait à la tribu des Sark-Anazeh; il n'avait coûté que 938 fr. C'était pourtant un coursier célèbre dans le désert par sa prodigieuse vitesse; il s'est très-bien reproduit en Anjou.

Maruck.

Gris, persan, né en 1815. Ramené de Syrie par M. de Portes. Envoyé à Braisne en 1821 et à Libourne en 1822, mort en 1826. Ce cheval avait de la force et de l'ensemble, sans être un étalon de tête; il s'est bien reproduit.

Médani.

Gris, arabe, né en 1815. Ramené de Syrie par M. de Portes, envoyé à Saint-Lô en 1821, et à Lamballe en 1827, mort en 1834. Ce cheval appartenait à la race du Nedjd et à la tribu de Waldam-Anazeh; il ne fut payé que 1,500 fr., à cause d'une enchevêtrure qui le dépréciait aux yeux des Arabes. Médani était un précieux étalon; il joignait la force à la distinction, sa tête était superbe ainsi que l'encolure et le rein, son épaule seulement était un peu ronde; il comptait parmi les chevaux de tête du convoi. Il est regrettable que cet étalon, le seul des achats de M. de Portes qui soit venu en basse Normandie, n'y ait pas été mieux utilisé, mais il n'eut que de petites juments. Croisé avec de fortes mères, il eût pu faire souche de belles poulinières. Il a bien produit en Bretagne, où il a donné d'excellents chevaux ; malheureusement il est devenu fluxionnaire sur la fin de sa vie.

Mikhawi.

Gris, arabe, né en 1814. Ramené de Syrie par M. de Portes, envoyé à Langonnet en 1821, à Angers en 1823 et à Lamballe en 1828, vendu en 1828. Ce cheval, de race koheil, avait beaucoup de genre et un beau cachet de sang ; il a été peu utilisé.

Orkan.

Bai, arabe, Ramené de Syrie par M. de Portes en 1820, envoyé à Libourne en 1821, réformé en 1827. Ce cheval était élégant, mais un peu léger. Il s'est bien reproduit dans les Landes.

Ourfali.

Gris, arabe, né en 1812. Ramené de Syrie par M. de Portes en 1820, envoyé à Tarbes en 1821, mort en 1838, race koheil. Ce cheval était fortement établi et du plus beau caractère d'étalon; ses allures étaient brillantes et rapides, et son trot magnifique; son défaut était d'avoir la tête peu gracieuse et légèrement busquée. C'était, du reste, un étalon très-précieux ; il a donné quatre cent soixante-dix-neuf poulains; sept de ses fils sont devenus étalons, et ont donné 1,329 produits. Sa descendance est fort estimée des éleveurs du Midi. Il n'a malheureusement pas été allié avec la race pure.

Richan.

Gris, arabe, né en 1816. Ramené par M. de Portes, envoyé à Parantignat en 1821, à Aurillac en 1831 et à Arles en 1834, mort en 1837. Ce cheval venait, dit-on, du Nedjd, et rappelait les caractère de la race de ce pays. *Richan* fut acheté poulain pour le prix de 1,650 fr. Sa mère était une des plus belles juments que M. de Portes ait vues dans le désert. Il provenait de la tribu des Fœdans. C'était un cheval d'une grande puissance et doué de magnifiques allures, il a donné d'excellents produits; mais soit qu'il ait été mal placé, soit qu'une sorte de fatalité semble s'attacher au sort des meilleurs reproducteurs, il a été fort peu employé, et il ne reste rien de sa descendance.

Nasser.

Bai, arabe, né en 1817, mort en 1843. Ramené de Syrie par M. de Portes, envoyé successivement au haras de Pompadour en 1822, au dépôt de Libourne en 1825, à Pau en 1829, à Rosières en 1840, mort en 1843. Ce cheval provenait de la tribu des Hessini; il fut acheté à Damas 938 francs. Il était du plus charmant modèle et de la plus haute distinction; il possédait des allures remarquables et devait appartenir aux meilleures races de l'Orient, car il s'est parfaitement reproduit; on ne pouvait lui reprocher que sa petite taille.

Cet étalon, bien accouplé, se fût fait une haute renommée. C'est un des meilleurs arabes qui soient venus en France; il n'a eu que quatre produits avec des juments pures et n'a presque jamais été employé qu'à faire des chevaux de troupe ou de service inférieur; cependant il est le père de l'étalon *Luscoque* avec Pomponia, très-bon étalon, et de plusieurs autres avec des juments de Deux-Ponts, pendant le séjour qu'il fit à Rosières.

Sakal.

Alezan, arabe, né en 1795; ramené de Syrie par M. de Portes en 1820, envoyé à Arles en 1820, à Cluny en 1821, vendu en 1826 à M. Lelong. Ce cheval avait vingt-cinq ans lorsqu'il vint en France; il fut acheté, malgré son grand âge, à cause de l'excellence de sa race et de sa merveilleuse beauté. Il fut considéré comme un des premiers étalons du convoi ; malheureusement, ce superbe animal était trop vieux pour bien s'acclimater, il fut en outre mal placé et mal employé.

Saraf.

Gris, arabe, né en 1813. Ramené de Syrie par M. de Portes, envoyé à Langonnet en 1821, vendu en 1827 à M. Longs, ce cheval, de race saklawi-koheil, était d'un mérite supérieur ; il réunissait la force à l'élégance. Il est triste de penser que de pareils chevaux, au lieu d'avoir fait souche, n'aient eu d'autre destin que de donner quelques chevaux de troupe ou des porte-choux.

Douhey.

Alezan, arabe, né en 1817; ramené de Syrie par M. de Portes, provenant de la tribu des Fœdans. Sa mère était une des plus belles poulinières du haras du cheik Eboa-Haddal. Envoyé à Pompadour en 1822, à Saint-Maixent en 1826, vendu en 1829 à M. Jaidy. Douhey était un très-bon cheval, d'un excellent sang, dont on n'a pas tiré le parti qu'il méritait.

Hontref.

Bai, arabe, né en 1817; ramené de Syrie par M. de Portes, acheté 300 fr. à un Arabe de la tribu des Adidin, envoyé à Pau en 1822, vendu en 1832 à M. Lonzel. Ce cheval, sans avoir beaucoup de cachet, a donné de bons chevaux de service très-estimés dans les Landes.

Montty.

Bai, arabe, né en 1817; ramené de Syrie par M. de Portes, envoyé en 1822 à Parentignat, vendu en 1832 à M. Gaudin. Ce cheval appartenait à la race koheil et provenait de la tribu de Borack; il fut payé 435 fr. Il avait de belles parties, mais il n'a pas tenu tout ce qu'il promettait.

Mahama.

Bai, arabe, né en **1816**, ramené de Syrie par M. de Portes, envoyé à Saint-Jean-d'Angély en **1822**, vendu en **1832** à M. Faure. Ce cheval appartenait à la race du Nedjd et provenait de la tribu des Hassini-Anazeh ; il fut payé **900** francs. C'était un bon cheval ordinaire.

Frigian.

Gris, arabe, né en **1818**; ramené de Syrie par M. de Portes, envoyé à Libourne en **1823**, à Saint-Maixent en **1825**, à Pau en **1831**, mort en **1837**. Ce cheval appartenait à la race nedjd et fut acheté à Alep pour le prix de 562 fr. Il avait beaucoup de force et de distinction, et a donné d'excellentes poulinières dans les Pyrénées, qui ont fait souche de race.

Drey.

Bai, arabe, né en **1817**, ramené de Syrie par M. de Portes, envoyé à Perpignan en **1822**, vendu en **1825** à M. Muther. Ce cheval était de race koheil et appartenait à la tribu des Wahabites; il fut acheté dans le désert, à la réunion de la caravane de la Mecque, pour le prix de 435 fr. Drey était un magnifique modèle, mais il a toujours été malade et ne s'est pas reproduit dans la race pure.

Sheoud.

Bai, arabe, né en **1817**, ramené de Syrie par M. de Portes, envoyé à Arles en **1822**, mort en **1825**. Ce cheval était d'une élégance et d'une pureté de membres remarquables; il appartenait, comme Massoud, à la tribu des Fœdans, et on pensait qu'il serait un digne rival de ce célèbre étalon, lorsque la mort l'enleva avant que ses produits eussent pu être suffisamment appréciés.

Abou-Mobureph.

Alezan, arabe, né en 1814 ; acheté à Marseille à M. Thésée, négociant grec ; envoyé à Cluny en 1821, à Arles en 1828, vendu en 1832 à M. Surville. Ce cheval était de petite taille, mais il était fort distingué et d'une brillante conformation ; ses produits étaient excellents; il n'a pas été assez utilisé.

Aimable.

Noir, arabe, né en 1814; acheté à M. Gliocbo, venant de Constantinople ; envoyé à Parentignat en 1821, mort en 1824. Bon cheval, n'a pas été convenablement apprécié.

Camash.

Gris, arabe, né en 1816; acheté à Marseille à M. Thésée, négociant grec ; envoyé à Pau en 1822, à Pompadour en 1827, à Tarbes en 1829, mort en 1837. Camash était un précieux étalon du premier sang d'Orient ; il est à regretter qu'il n'ait pas été allié à la jument de pur sang, il a laissé partout les meilleures traces de son passage, principalement à Tarbes.

Renégat.

Gris, arabe, né en 1816; acheté à M. Damoiseau par M. Strubberg, venant de Syrie ; envoyé à Langonnet en 1823, vendu en 1832. Bon étalon, s'est bien reproduit dans la montagne de Bretagne.

Adéban.

Bai, arabe, né en 1810, venant des écuries du duc d'Angoulême. Ce cheval a fait la monte au haras de Meudon. Il fut envoyé ensuite à Saint-Maixent, vendu en 1828. Bon étalon, il s'est bien reproduit dans le Poitou.

Sidi-Mahmouth.

Gris, barbe, né en 1815. Ce cheval fut acheté à M. le duc des Cars par M. Strubberg. Envoyé à Saint-Maixent en 1827, à Tarbes en 1831, vendu en 1832. Ce cheval, un peu enlevé et de médiocre conformation, a cependant été allié avec le pur sang; il a été essayé avec cinq juments anglaises ou anglo-arabes, mais il s'est très-mal reproduit.

Saklawie-Amdam.

Alezan brûlé, arabe, né en 1817, mort en 1837; acheté à M. le comte de Tocqueville, employé par son propriétaire en 1826 au haras de Gueurres, envoyé au Bec en 1832, à Tarbes en 1833.

Ce cheval, remarquable par sa force et sa distinction, fut un reproducteur du plus grand mérite et n'a jamais fait un mauvais cheval. Saklawie-Amdam venait d'Arabie; il y avait une grande réputation, qu'il s'était acquise par sa vitesse dans les chasses et la poursuite des caravanes. Devenu la possession du pacha de Mossoul, celui-ci en faisait le plus grand cas et le regardait comme le plus précieux de ses chevaux. En effet, ce cheval lui sauva la vie en faisant en quarante heures le trajet de Mossoul à Alep. Par suite des événements qui forcèrent ce pacha à se réfugier à Alep, Saklawie fut vendu à M. de Lesseps, alors consul général de France dans cette contrée; celui-ci en fit présent au duc de Luxembourg. Nouveau Godolphin-Arabian, ce cheval passa bientôt des écuries du noble duc en des mains inconnues et fut livré aux plus vils travaux. Mais un amateur découvrit la perle d'Orient dans la fange de l'Europe et le fit acheter par M. de Tocqueville, qui avait entrepris l'élevage en grand du cheval arabe dans son haras de Gueurres. Quoique ses tentatives n'aient pas été couronnées de succès, M. de Tocqueville n'en mérite pas moins la reconnaissance de tous les hommes de cheval pour la belle mission qu'il s'était donnée.

Saklawie-Amdam fut allié au pur sang anglais et arabe; il y eut parmi les produits quelques étalons et plusieurs poulinières d'un grand mérite, entre autres *Candour-Amdam*, jument du haras de Pompadour, qui était un des joyaux les plus précieux de cet établissement. Maintenant la descendance pure de ce précieux étalon n'existe plus ; c'est encore une de ces pertes irréparables qu'il nous faut enregistrer à tout moment.

Ce cheval a d'ailleurs peuplé les Hautes-Pyrénées d'une brillante famille de demi-sang ; il a laissé dans ce pays deux cent vingt-quatre produits.

Sélim.

Bai brun, arabe, né en 1819, élevé en Autriche chez M. le comte de Wartensleben. Ce cheval était de race saklawie ; il fut acheté par M. le comte de Tocqueville pour son haras de Gueurres ; il donna quelques bons poulains avec les juments arabes, entre autres *Mademoiselle-Saint-Clair*.

Berk.

Gris, arabe, né en 1821, acheté à Livourne par M. Strubberg fils, envoyé à Pompadour, où il fit la monte de 1830 à 1831. Berk passa successivement aux dépôts de Rodez et d'Arles et mourut en 1836. Ce cheval a été donné à quelques juments du haras de Pompadour ; il s'est bien reproduit, mais sans toutefois laisser un souvenir marqué dans la contrée où il a passé.

Abouchar.

Bai, arabe, né en 1822 ; acheté à Livourne par M. Strubberg, envoyé à Arles en 1830, vendu en 1832 à M. Surville. Ce cheval a laissé peu de souvenirs.

Shaklawie.

Alezan, arabe, né en 1825, acheté à Livourne par M. Strubberg fils à M. Polany, envoyé à Pau en 1830, mort en 1839. Ce cheval avait de la distinction et beaucoup de gros ; il était établi en père. On lui reprochait ses éparvins. Il a donné de belles poulinières et quelques étalons, entre autres *Kérim*.

Nadar.

Alezan, arabe, né en 1828, acheté à M. Polany, venant de

Syrie. Admis dans les haras en 1833, Nadar fut envoyé à Arles en 1834, puis à Tarbes en 1844 et réformé la même année. Ce cheval était d'une fort belle conformation et s'est très-bien reproduit. Il a été allié avec le pur sang, mais sa postérité est éteinte. C'est encore un de ces types précieux qu'on ne retrouve plus.

Elbedavy.

Bai, arabe, acheté par M. de Coëtdihuel en Hongrie. Ce cheval, né en 1821, a été importé en 1833 et envoyé au haras de Pompadour, où il fit la monte de 1834 et 1835; il fut ensuite envoyé au dépôt de Tarbes et réformé en 1848. Plus régulier que brillant, très-beau corps et doué de très-bons membres, cet étalon de premier mérite s'est parfaitement reproduit. Elbedavy, allié avec le pur sang arabe, a donné de bons produits; deux de ses poulains sont devenus étalons dans les haras de l'État.

Shouaiman.

Gris, arabe, né en 1818, acheté à M. Polany, venant de Syrie; envoyé à Braisne en 1834 et à Langonnet en 1836, mort en 1843. Joli étalon, d'un bon sang, mais léger, n'a laissé aucun souvenir.

Vadné.

Alezan, arabe, né en 1829, acheté en Hongrie par M. le baron de Coëthiduel, par Elbedavy et El-Beder, arabes, envoyé au dépôt de Tarbes en 1834, vendu en 1844. Ce cheval était d'un bon genre; il avait de la taille et des allures, mais sa conformation laissait à désirer et ses jarrets étaient tarés; il s'est médiocrement reproduit.

Abou-Arkoub II.

Gris, arabe, né en 1827, acheté à M. Polany, venant d'Alep en 1833, envoyé en 1834 à Pau, puis à Aurillac, où il fit la monte de 1835 à 1838. Ce cheval était d'une très-bonne origine; il fut cependant peu employé dans le Béarn. Abou fut envoyé à Aurillac, où il s'est très-bien reproduit; il a laissé six produits de pur sang.

Benny.

Bai, arabe, né en 1824. Ce cheval a été acheté à M. Polany, qui le ramenait de Syrie. Benny fut placé au dépôt de Tarbes en 1834, il mourut en 1847. Ce cheval, d'une forte et riche conformation d'étalon, a laissé de bons produits de pur sang, dont deux ont fait de bons étalons. La pouliche Addala, par Bédouine, est devenue très-bonne poulinière. Benny s'est fait un nom dans la production du demi-sang.

Sélim.

Bai, arabe, né en 1824, mort en 1848, ramené de Syrie par M. Polany. Cet étalon fut envoyé à Pau en 1846; il était très-âgé et n'a fait que deux montes dans les Landes; il a laissé un produit de pur sang. Les poulains issus de ce cheval avaient beaucoup de distinction.

Ibrahim.

Gris, arabe, né en 1832, ramené en France en 1834, par Clot-Bey, donné par le duc d'Orléans à M. Ernest Le Roy, qui le vendit à l'administration des Haras. Ce cheval fut envoyé à Pau en 1845. Étalon très-élégant, mais manqué dans ses aplombs antérieurs. Ibrahim a donné beaucoup de distinction à ses produits, et des aplombs meilleurs que les siens.

Mansourah (Bay-Arabian).

Bai, arabe, né en 1826; donné au roi d'Angleterre par l'iman de Mascate, fut acheté par M. Guastalla à la vente du haras de Hampton-Court, envoyé à Pompadour en 1837 et à Tarbes en 1841, mort en 1851. Ce cheval avait beaucoup de taille et de gros pour un arabe, mais il ne portait pas les caractères de la vraie race Koheil, il était plutôt établi en joli cheval de demi-sang. Il a été allié avec la race arabe et anglo-arabe au haras de Pompadour; quelques-uns de ses fils sont devenus étalons. Mansourah eût dû être envoyé en Normandie, sa robe d'un beau bai et sa force de membres en eussent fait un reproducteur précieux pour le demi-sang, tandis que sa race s'est perdue dans le Midi, sans profit pour l'amélioration générale. Il s'est parfaitement reproduit dans la plaine de Tarbes, où il a laissé une belle descendance.

Mascara.

Gris, barbe, né en 1826; amené en France par M. de Morny; envoyé au dépôt d'Aurillac en 1837. Ce cheval avait de l'ampleur, des muscles, et s'est très-bien reproduit en Auvergne. Allié avec le pur sang arabe, il a donné quelques bons produits.

Chaban.

Gris, arabe, né en 1833; amené en Europe par M. Gliocho. Acheté à Vienne, en 1840, par M. de Champagny; envoyé à Tarbes en 1841. Ce cheval était d'une conformation régulière et distinguée, il appartenait à la race Koheil, et en offrait le type le plus parfait. Il s'est admirablement reproduit au dépôt de Tarbes, et son sang coule dans les veines des principales familles chevalines du pays.

Turkman.

Gris, arabe, né en 1830. Ce cheval fut amené en Europe par M. Gliocho, et acheté à Vienne, en 1841, par M. de Champagny. Il fut envoyé à Pompadour, puis à Napoléon-Vendée, en 1849. Turkman était très-fortement membré et avait une très-belle tête, quoique un peu longue. Cet étalon s'est très-bien reproduit à Pompadour; allié avec le pur sang, il a donné six produits de mérite. Quatre de ses poulains sont devenus de remarquables étalons pour le Midi. Turkman était d'un sang très-puissant et très-distingué. Il a donné aussi de très-bons produits dans le Poitou.

Mesrur.

Bai, arabe, né en 1831; amené d'Orient par M. Gliocho;

acheté à Vienne, pour les Haras, par M. de Champagny, en 1841; entré à Tarbes en 1844, réformé en 1849. Cheval d'un bon modèle, mais d'une santé très-délicate; cependant, il s'est bien reproduit avec le pur sang. Allié tour à tour au sang arabe, anglo-arabe et anglais, il a donné un grand nombre de bons produits.

Karchane.

Gris, arabe, né en 1833; acheté en Syrie par M. le colonel Reyau, pour le compte du ministère de la guerre. Placé d'abord à Saumur, au haras de l'école de cavalerie, ce cheval y fut longtemps employé avec succès. Concédé aux haras, en 1853, il fut placé au dépôt de Tarbes. C'était un joli étalon, d'un excellent modèle, malgré ses paturons un peu longs et sa tête un peu forte. Il s'est montré reproducteur d'un grand mérite. Karchane a laissé quarante-deux produits de pur sang et un bon nombre de produits de demi-sang, qui se sont fait remarquer par leur conformation et leurs qualités.

Abian.

Gris, arabe, né en 1835, mort en 1855, par Kalfontes et Gilph, venu en France pour le compte du Ministère de la guerre, acheté en Syrie par le colonel Reyau, concédé aux haras en 1844 et envoyé à Tarbes. La tête de cet étalon manquait d'expression, mais ses membres avaient beaucoup d'ampleur et de régularité; il fut un reproducteur de mérite, dont le souvenir se conserve dans le Midi; il a laissé trois produits de pur sang.

Durzi.

Gris, arabe, né en 1828, importé en 1842, a laissé 5 produits de pur sang. Étalon très-fort et bien établi en père, mais dont le sang n'était peut-être pas très-pur. Il provenait d'un étalon arabe et d'une jument égyptienne. Ce cheval avait été donné au roi Louis-Philippe par le pacha d'Égypte, avec six autres. On dit que c'était celui que montait Ibrahim-

Pacha à la bataille de Nezib; il fut offert à ce prince lorsqu'il vint à Paris, pour passer la revue de l'armée de Paris au Champ de Mars. S'il faut ajouter foi au récit des Égyptiens qui ont amené Durzi en France, ce cheval aurait fait quarante lieues au galop sans s'arrêter même une seconde pour reprendre haleine. Tombé au pouvoir des Turcs après une bataille, il fut racheté par son maître au prix de douze cents chameaux.

Durzi était affecté d'un jardon qu'il a donné à quelques-uns de ses produits; employé d'abord au haras du roi Louis-Philippe, à Saint-Cloud, il vint au Pin en 1848, où il fut destiné au croisement des juments du Perche, à Nogent-le-Rotrou; il a laissé de bons produits, dont malheureusement la descendance n'a pas été suivie. Envoyé à Tarbes en 1852, il s'y est montré bon reproducteur.

Hamdani-Blanc.

Gris, arabe, né en 1835, envoyé au roi Louis-Philippe par le vice-roi d'Égypte en 1842.

Ce cheval était considéré comme le plus remarquable du convoi, tous les amateurs s'extasiaient sur sa conformation élégante et irréprochable au point de vue plastique. On vantait ses proportions d'une régularité parfaite, la vivacité de ses mouvements, la beauté de son regard; les hommes de cette époque se souviennent encore de l'enthousiasme qu'il excitait et des récits légendaires dont il fut le héros. Un Anglais, disait-on, en avait offert 100,000 francs. On devait lui amener un choix des plus belles juments de pur sang, choisies dans toute l'Angleterre; l'ambassade de Turquie devait lui faire conduire quelques-unes des plus belles cavales du haras du sultan! Hélas! tout s'évanouit si bien, qu'il n'est resté de ce fameux cheval d'autre souvenir que celui d'un très-mauvais reproducteur, dont pas un seul produit n'a supporté une épreuve sérieuse. La plupart de ses produits, d'une jolie conformation, mais sans qualités, n'ont été remarqués ni comme chevaux de course, ni comme chevaux de service, ni comme reproducteurs.

Hamdani-Blanc était sans doute un produit bien réussi, comme conformation, d'un sang croisé égyptien et arabe, élevé sans travail, suivant la méthode des haras d'Égypte, et qui n'a pu transmettre à ses descendants des qualités dont il était privé lui-même. C'est un exemple de plus que la conformation seule, même chez le cheval d'Orient, ne suffit pas pour faire un bon étalon, sans la certitude d'une bonne origine et les épreuves des qualités.

Gheisani.

Gris, arabe, né en 1833, par Diarbouh et d'Hama. Ce cheval fut importé en 1842 par M. le colonel Reyau pour le compte du ministère de la guerre. Concédé aux haras, il fut placé à Saint-Maixent, et réformé en 1860.

Cet étalon était de très-petite taille, mais il avait beaucoup de cachet; il a laissé dans la Vienne plusieurs bons produits.

Koheil-Hamdani.

Gris, arabe, né en 1836; mort en 1852. Par Hamdani-Koheil et Hamdanie-Koheila.

Ce cheval avait été acheté en Orient pour le compte du ministre de la guerre, en 1842, par M. le colonel Reyau. Il entra, en 1844, au dépôt de Tarbes; il était petit, régulier, mais un peu rond dans ses formes; comme reproducteur, il n'a rien laissé de remarquable.

Seklawi II.

Gris, arabe, né en Égypte en 1838. Ce cheval fut envoyé, en 1842, au roi Louis-Philippe, par le vice-roi d'Égypte; il entra au dépôt de Rosières en 1848, à celui de Tarbes en 1852, et fut réformé en 1853; charmant étalon, plein de moyens, un peu bas dans son dos; ses produits étaient bons; il n'a laissé que deux étalons de pur sang. On se louait beaucoup de sa production avec le demi-sang. Il est tombé poussif en arrivant à Tarbes.

Beni.

Gris, arabe, né en 1822. Ramené en Égypte par M. Cochelet, consul général, et vendu aux haras français.

Envoyé au dépôt de Tarbes en 1842, Beni était un joli cheval d'une conformation régulière et distinguée ; il accusait beaucoup de sang et une excellente origine. Il s'est montré très-bon reproducteur.

Koheil-Obayan-Sederi.

Gris, arabe, né en 1835. Amené en France en 1842, par M. le colonel Royau pour le compte du ministre de la guerre ; concédé aux haras, il fut envoyé à Tarbes en 1851. Cet étalon était plein de distinction, mais court dans ses lignes et léger de partout ; il a cependant donné un grand nombre de bons produits dont plusieurs sont entrés dans les haras de l'État, entre autres *Thomas-Morus*.

Tachiani.

Gris, arabe, né en Arabie en 1839. Envoyé au roi Louis-Philippe par le vice-roi d'Égypte, en 1842.

Placé au dépôt de Tarbes en 1846, il partit alors pour Paris, fut renvoyé à Tarbes en 1848, quitta le dépôt la même année pour Rosières, d'où il fut envoyé de nouveau à Tarbes en 1852. Ce cheval avait du cachet et annonçait un sang très-pur, mais il était un peu rond de partout et médiocre dans son dos et dans ses aplombs. Il s'est mal reproduit en général.

Aleppo.

Gris, arabe, né en 1831 au haras ducal de Altenstein (Saxe-Meiningen) ; son père, Tajar ; sa mère, Bediga, arabes, achetés au duc de Saxe-Meiningen par M. Dietrich, qui l'a revendu aux haras français.

Envoyé à Aurillac en 1842. Bon étalon, bien membré, il avait de l'étoffe et de la distinction ; il s'est bien reproduit.

Hlavie-Obayan.

Bai, arabe, né au haras du baron Fechtig (Hongrie), en 1838. Envoyé au haras de Pau en 1843. Quoiqu'un peu léger, ce cheval était d'un bon modèle, et s'est bien reproduit.

Hlavie.

Bai, arabe; son père, Bedavie Ier; sa mère, Hlavie-la-Vieille; né dans le Banat (Hongrie) à Buris, au haras du baron de Fechtig en 1837; entra à Tarbes en 1843. Cheval très-régulier, et qui, n'ayant pas toute l'apparence de sang qu'on pourrait désirer, s'est montré cependant excellent reproducteur. C'était un cheval de premier ordre.

Saoud.

Gris arabe, né en 1824, importé en 1844, mort en 1848. Ce cheval, d'une haute distinction et d'un sang précieux, s'est fort bien reproduit au haras de Pompadour, où il a été, pendant sa courte carrière, employé à la production du pur sang. Il est regrettable que l'organisation des courses françaises n'ait pas permis l'essai sur les hippodromes de la descendance de ce cheval.

Isly.

Gris, arabe, né en 1836, entré dans les haras en 1845. Ce cheval avait de la force et ne manquait pas de distinction; il a donné un grand nombre de produits dans le bocage de la Vendée, et s'est parfaitement reproduit.

Ali.

Bai, arabe, né en 1836; importé en 1845, mort en 1848. Ce cheval avait de l'étoffe et une certaine distinction, sans avoir cependant beaucoup de lignes. Il s'est bien produit dans la montagne d'Auvergne, mais il est regrettable que ce cheval de mérite n'ait pas été mieux placé.

Hussein.

Gris, arabe, né en 1829, entré dans les haras en 1845; il

fut d'abord envoyé au Haras de Pompadour, puis à Tarbes en 1852, où il mourut en 1855. Cet étalon, d'une conformation forte et distinguée, avait les genoux creux, comme quelques-uns des arabes ramenés dans ces derniers temps, mais il était bâti en père et peut être considéré comme un étalon de premier ordre. Hussein est un des chevaux arabes qui ont été le plus employés à la reproduction du pur sang arabe en France; il a donné 89 produits tant arabes qu'anglo-arabes. Un grand nombre de ses fils sont encore étalons dans les haras de l'État, et ses filles forment un noyau de poulinières du plus grand mérite.

Emir-Abou-Arqoub.

Gris, né en 1837, importé en 1848; il a fait la monte dans les dépôts de Braisne en 1850, et de Tarbes en 1852, jusqu'à 1854. Ce cheval était remarquable par sa force et ses belles allures. Sa taille était peu élevée, il était net et régulier. Apprécié à Braisne, il ne le fut pas également à Tarbes, où il fut regardé comme un reproducteur médiocre. Il a peu marqué dans la reproduction du pur sang.

El-Ared.

Gris, 1m 45; né en 1838; importé en 1844; entra dans les haras en 1849; au dépôt de Pau en 1848.

Ce cheval était d'un sang précieux; il était d'un bon ensemble, mais taré dans ses jarrets. Il a donné à ses produits de l'élégance et de la vigueur; mais ils sont souvent tarés comme lui.

Kouleli.

Gris; né en 1839, par Obayan et Medjdi; fut envoyé à Pau en 1850.

Ce cheval fut acheté à Constantinople par M. du Pont; il avait été envoyé en Syrie en cadeau à un ancien ministre de la guerre. Kouleli était un cheval d'une haute élégance, d'un ensemble parfait et doué d'une grande énergie. Il s'est parfaitement reproduit dans les Pyrénées; il donnait un grand cachet à ses produits. Malheureusement il leur transmettait quelquefois ses éparvins.

Kouleli était un type magnifique comme sang et comme conformation. Il peut être classé parmi les étalons de premier ordre.

Shérif.

Gris, né en 1835 par Maneki et Djelfé; importé en 1850 et envoyé à Abbeville; en est sorti la même année pour aller à Pau.

Ce cheval fut acheté par M. du Pont, à Alep, pour la somme de 20,500 piastres. Il provenait des écuries de Shérif-Bey, et ne put être obtenu qu'à la suite des plus grandes difficultés. Shérif était un cheval de premier ordre, aussi remarquable par sa force que par sa distinction; sa tête avait une magnifique expression, et tout décelait en lui le premier sang d'Orient.

Envoyé, à son arrivée en France, à Abbeville, il fut sacrifié aux juments de gros trait, auxquelles d'autres que lui pouvaient parfaitement convenir, car c'était un des plus précieux types du convoi.

Pendant son séjour à Pau, il s'est signalé par un grand nombre d'excellents produits, mais qui tous ont été consacrés au service, et son sang n'a pas été marqué dans la reproduction. On ne peut trop regretter qu'un pareil cheval n'ait point été en Normandie ou dans d'autres contrées, où sa descendance eût pu être continuée.

Mehedi.

Gris, né en 1846; fils de l'étalon de race Koheil-Abou-Genoube et de la jument El-Hadba-Koheil. Acheté dans le désert par M. du Pont pour le prix de 4,037 piastres; importé en 1850 et envoyé à Tarbes. Ce cheval était d'une conformation forte et distinguée; ses membres surtout étaient de la plus grande force et de la plus grande distinction; il doit être classé parmi les étalons de premier ordre. Il s'est parfaitement reproduit dans les plaines de Tarbes. Venu à Lamballe en 1859, il a été abattu comme fluxionnaire peu de temps après son arrivée.

Bagdadli.

Gris, né en 1843 ; son père et sa mère arabes ; importé en 1850 ; placé d'abord à Pompadour, et puis au Pin en 1858.

Ce cheval est né et a été élevé chez les Arabes des environs de Bagdad ; il avait été envoyé en cadeau au grand vizir par le pacha de cette province ; il fut acheté à Constantinople par M. du Pont du grand vizir lui-même. Cet étalon réunit à une conformation très-régulière beaucoup de force, de gros, de distinction. C'est ainsi que l'on se représente le cheval arabe dans son type le plus idéal. Il possède, en outre, les plus remarquables allures. En somme, c'est un étalon des plus précieux et de premier ordre. Bagdadli a été employé au haras de Pompadour avec les juments de pur sang anglais, arabe ou anglo-arabe ; il s'est toujours parfaitement reproduit. Ses poulains ont de la force et de belles allures. On lui reprochait même de donner un peu commun, ce qui est un bon défaut pour un cheval arabe. Envoyé au haras du Pin en 1858, ce cheval s'est montré peu fécond. Cependant il y laissera des traces de son passage si les éleveurs ont le bon esprit de conserver ses filles comme poulinières.

Saklawi-Djedran.

Gris, né en 1834, venant de Syrie ; entré au dépôt d'étalons de Lamballe en 1851. Ce cheval provenait des débris du magnifique haras de l'émir Beschir. Il fut acheté par M. du Taya, qui accompagnait M. du Pont dans son voyage d'Orient. C'était, dans son genre, un des chevaux de tête du convoi ; et quoique venu vieux en France, il a fait encore la monte pendant neuf ans au dépôt de Lamballe, et y a laissé un grand nombre de produits avec la race de trait léger. Ce croisement a bien réussi ; il en est résulté plusieurs étalons d'un mérite distingué et un certain nombre de bonnes poulinières.

Kehélan-Saglawy.

Alezan arabe, né en 1845, importé en 1850, acheté par M. du Pont, et envoyé à Langonnet en 1851. Ce cheval, d'un sang excellent, est d'une conformation gracieuse et distinguée, mais léger de partout. Il a donné de jolis produits dans la Cornouaille bretonne, mais tous sont destinés au service ; et, comme la plupart des produits arabes, il ne restera rien pour l'avenir de sa descendance.

Derviche.

Gris, né en 1842, 1^m47, fils d'un étalon de race Abou-Arkoub, et d'une jument de race Kohel, importé en 1850, et envoyé à Aurillac. Ce cheval fut acheté à Alep, par M. du Pont, pour 1,800 piastres. Sans avoir rien de supérieur, sa conformation était régulière, sa tête belle, ainsi que ses membres. Derviche s'est très-bien reproduit en Auvergne. Placé à Pau en 1853, ce cheval a donné d'excellents produits.

Richan.

Alezan, né en 1847, 1^m48, fils de l'étalon de race Saklawi-Hassené et de la jument Obaye, de race Kohel-el-Adjous, importé en 1850, et envoyé à Pompadour.

Ce cheval fut acheté dans le désert par M. du Pont, pour la somme de 4,800 piastres. Quoique âgé de 3 ans seulement, il était remarqué comme un des plus précieux du convoi, tant à cause de sa distinction que de la netteté, et de la force de ses membres, ainsi que de la beauté de ses allures. Placé au dépôt d'étalons de Pau en 1851, il s'y est montré bon reproducteur. On vantait surtout la force et l'élégance de ses produits. C'est un étalon de premier ordre.

Assam.

Bai, né en 1841, 1^m53, fils de l'étalon Saklawi, de la tribu des Beni-Sakr, et de la jument Djulfé, de race Kohel, de la tribu des Maa. Assam fut acheté à Alep, par M. du Pont, pour 8,200 piastres.

C'est un cheval fortement établi, grand pour un arabe, et cependant très-près de terre. Il rappelle Massoud, dont il est proche parent, mais il est moins distingué et moins élégant; il a de très-belles parties, et convient merveilleusement au croisement du demi-sang. Il est à regretter qu'on n'ait pas essayé de lui donner quelques juments de race pure, car ses beaux produits de demi-sang, dont plusieurs sont devenus étalons, font bien augurer de lui comme reproducteur. Il est heureux pour ce cheval qu'il soit venu en Normandie, où on a su, sinon l'apprécier à sa juste valeur, au moins l'employer utilement, tandis qu'il eût été complétement perdu pour la reproduction dans d'autres contrées. Il avait été très-mal jugé à Aurillac, où il avait d'abord été placé en arrivant en France.

Bachibouzouk.

Alezan, né en 1842; 1^m 50; son père Hamdani; sa mère Koheil; acheté en Orient par M. du Pont; importé en 1850.

Très-petit étalon d'un charmant modèle, mais qui ne pouvait être employé que dans un pays de poneys. Il s'est bien reproduit dans les Landes, où il a donné un grand nombre de bons petits chevaux. Mort en 1859.

Sfiri.

Alezan, né en 1840, 1^m46, de race Hamdani; importé en 1850, et placé à Aurillac.

Ce cheval fut acheté par M. du Pont, dans le désert, pour le prix de 3,000 piastres; il était employé à la monte et estimé dans le pays.

Sfiri était d'un bon ensemble; sa tête était belle, son encolure légère, ses membres étaient forts et ses aplombs superbes; c'était un bel et précieux étalon, qui, comme tant d'autres, n'a pas été convenablement utilisé. On lui reproche d'avoir fait petit, ce qui prouve probablement qu'il n'a pas été employé avec d'assez fortes juments, ce que l'on doit toujours observer dans le croisement du cheval arabe.

Chefetiah.

Gris, né en 1849, acheté en Arabie par M. du Pont; envoyé au dépôt de Tarbes en 1852.

Conformation régulière et distinguée; cheval de premier ordre qui, malheureusement, n'a pas été employé comme il méritait de l'être, et surtout avec le pur sang.

Bardad.

Gris, né en 1844, acheté en Arabie par M. Pétiniaud, importé en 1852.

Cet étalon est d'une bonne origine et d'une conformation distinguée. Il est à regretter que les maladies dont il a été atteint aient arrêté sa carrière avant l'âge. Mort en 1858.

Haleb.

Gris, né en 1847, acheté en Arabie par M. Pétiniaud, venu en France en 1852, envoyé à Tarbes en 1852.

Conformation régulière et distinguée, mais un peu rond dans ses formes et raccourci dans ses lignes. Ce cheval est pourtant un reproducteur précieux par son origine et qui n'a besoin que d'être bien accouplé.

Mesched.

Alezan, né en 1847, 1^m,53, acheté à Bagdad par M. Pétiniaud, venu en France en 1853.

Ce cheval fut acheté d'un frère du schah de Perse, auquel il avait été donné par le gouverneur de Mesched, capitale du Korassan. Mesched appartient à la race de ce pays, si célèbre par son fonds et son aptitude au service. On raconte que dans le voyage qu'il fit de Bagdad à Mossul pour venir en France, le cavalier qui le montait, poursuivi par une tribu kurde, ne dut la vie et la conservation de son cheval qu'à la rapidité de ce noble animal. On lui reprochait de manquer d'ampleur, d'être serré dans la poitrine et d'être un peu enlevé, défaut assez commun aux chevaux du Korassan; mais, bien accouplé, il donne de bons chevaux de service.

Scheik-Zaadé.

Alezan, né en 1844, acheté à Bagdad par M. Pétiniaud, venu en France en 1853, et envoyé à Tarbes la même année.

Ce cheval n'est pas sans reproche : il a le dos bas, le rein un peu long, les membres sont fatigués, mais la tête est superbe, et il a l'ampleur et la distinction d'un père. Il faisait la monte dans les environs de Bagdad, où les tribus voisines lui envoyaient leurs plus belles juments. Ses produits avaient beaucoup de réputation. Placé à Tarbes en 1853, il s'y est montré bon reproducteur.

Machouk-Pacha.

Gris, né en 1846, 1^m,50, acheté à Bagdad par M. Pétiniaud, en 1852.

C'est un fort cheval de race Montefick. Comme tous les chevaux de cette race, il a beaucoup de force et de gros, mais il ne représente pas le pur sang oriental de premier ordre; il convient parfaitement au croisement.

Romani.

Gris vineux, né en 1851, race Saklawi des Gabetans du Nedjd, acheté en Orient par M. Pétiniaud, importé en 1854.

Très-bel étalon, doué d'un bon ensemble et de plus belles lignes que n'en ont ordinairement les chevaux orientaux. Placé à Tarbes en 1855, il s'est fait remarquer par ses beaux produits, et peut passer pour un des étalons arabes de premier ordre. Il est regrettable que ce cheval n'ait pas été allié dans de bonnes conditions avec de belles juments de pur sang. Envoyé à Pompadour en 1858, il s'y est montré bon reproducteur.

Kerbela.

Gris, arabe, né en 1849, acheté à Kerbela par M. Pétiniaud, venu en France en 1853.

Ce cheval appartient à la race des Anazé-Chakbanès. C'est un bon étalon, d'un type oriental très-prononcé. Sa tête est expressive, son épaule bien couchée et sa poitrine profonde ; il a du gros dans l'ensemble, et du poids dans l'arrière-main. Envoyé à Pau, il s'y est montré bon étalon et y a donné beaucoup de produits réunissant la force à la distinction. Envoyé à Pompadour en 1858, il s'y est bien reproduit et y est apprécié.

Samara.

Alezan, né en 1849 en Orient, importé en 1853.

Ce cheval est de petite taille, mais près de terre ; d'un bon ensemble et construit en étalon. Son corps est magnifique, et ses membres ne laissent rien à désirer ; il annonce un sang supérieur. Il fut envoyé à Rodez en 1853.

Doru-Pacha.

Bai, né en 1850, race Kohel ; acheté en Orient par M. Pétiniaud.

Petit étalon régulier, mais sans beaucoup de cachet et manquant de profondeur de poitrine, mais il a de belles lignes et de bons aplombs. Envoyé au dépôt de Pau en 1855, il s'est montré bon reproducteur et a donné de bons chevaux de service.

Souk-el-Chouk.

Bai, né en 1850 chez les Anèzés du Nedjd ; acheté en Orient par M. Pétiniaud, importé en 1854.

Quoique un peu enlevé, cet étalon a de belles parties et dénote une bonne origine. Il s'est bien reproduit dans les Pyrénées.

Saklawi.

Gris, arabe, né en 1850, race saklawi des Gahetans du Nedjd, acheté en Orient par M. Pétiniaud, importé en 1854.

Cet étalon annonce peu de sang, mais il a de la taille, de la force et de l'ensemble ; il convient au croisement. Placé à Pau en 1855, il a donné de bons chevaux de service.

Rabdan.

Gris, né en 1850, race Kohel-el-Adjous du Nedjd, acheté en Orient par M. Pétiniaud, importé en 1854.

Envoyé à Pompadour en 1855, ce cheval est régulier de conformation et dénote une haute origine ; il joint la force à la distinction, et s'est montré bon reproducteur.

Vely-Pacha.

Alezan, né en 1840, donné au gouvernement par l'ambassadeur ottoman, importé en France en 1854.

Cheval turkoman, commun de partout, mais d'une conformation forte et régulière. Envoyé à Tarbes en 1855, il a été peu apprécié comme type, mais il a donné de bons chevaux de service.

D'jar.

Gris, né en 1850, race du Korassan.

Ce cheval a été donné à l'administration des Haras par S. M. l'Empereur, qui l'avait reçu en présent de l'ambassadeur de Perse, au nom du schah, son maître. Ce cheval appartient au type de la race du Korassan, dont il est un des plus parfaits et des plus brillants modèles. Cette espèce fort rare, et qui ne se trouve que dans la contrée très-limitée du Korassan, est d'une haute taille, d'une belle prestance, et réalise l'idéal du beau cheval de cérémonie ; elle est, en outre, douée de beaucoup d'énergie et d'un excellent tempérament. Ces chevaux servent principalement en Orient comme chevaux de parade ; ils sont presque toujours couverts de tuniques de laine et de riches tissus. Aussi leur crinière, continuellement usée par le frottement, ne repousse que difficilement ; on remarque même que, par un effet physiologique fort curieux, les poulains de vraie race naissent presque tous sans crinière, par l'effet de la transmission héréditaire. Le prix de ces chevaux est considérable, et l'on prétend que D'jar avait dans son pays une valeur énorme. C'est un cheval de haute taille, d'une gracieuse conformation; son encolure est rouée, sa tête légère, sa charpente est bonne et ses membres forts et distingués, mais les lignes ont peu de longueur, il est un peu enlevé et un peu plat dans son ensemble, qualités et défauts qui sont les caractères de la race, telle qu'elle est décrite par les auteurs anglais.

Quoi qu'il en soit, c'est un excellent cheval de croisement; placé au haras du Pin, il y a donné de bons poulains, dont plusieurs sont devenus étalons, et de belles pouliches qui seront certainement de bonnes poulinières. Mais je ne pense pas que ce cheval puisse s'allier avantageusement avec la race pure. Ce n'est point là le cheval oriental, dans son admirable ensemble et sa haute perfection. Je ne crois pas qu'on doive tracer ces chevaux dans le stud-book des familles pures.

Samman.

Bai, né en 1850, race du Korassan.

La plupart des observations qui précèdent s'appliquent à ce cheval, qui a la même provenance que D'jar. Il lui est inférieur pour le brillant et la conformation de l'encolure, mais il a peut-être plus d'ensemble. Ce cheval fait la monte au dépôt de Saint-Lô, où il est avantageusement employé au croisement des juments cotentines.

Telle est la longue liste des chevaux orientaux, réputés de race pure, qui sont entrés en France depuis cinquante ans, encore en avons-nous négligé quelques-uns, que l'on trouvera au Stud-Book, dont l'infériorité comme reproducteurs, soit par leur peu de mérite, soit par la manière dont ils ont été employés, ne peut leur permettre de prendre place parmi les étalons améliorateurs dont nous avons entrepris l'histoire. Que serait-ce s'il fallait compter le nombre considérable de chevaux syriens, turcomans, persans et barbes qui n'ont pas été jugés dignes par leur origine de l'inscription sacramentelle, et dont plusieurs cependant y avaient sans doute autant de droits qu'un grand nombre de ceux qui ont contribué à former dans son principe la race de pur sang anglaise !

Ce qui est hors de doute, c'est que depuis le commencement de ce siècle, il est venu en France un nombre plus considérable d'étalons arabes d'un mérite supérieur que l'Angleterre n'en a possédé pendant les deux siècles précédents, et que rien n'empêche de croire que plusieurs d'entre eux, tels que les *Arabe*, les *Massoud*, les *Abufar*, les *Bédouin*, les *Saklawi-Amdam*, les *Mehedi*, les *Shérif*, les *Saklawi-Djedran* et tant d'autres ne fussent comparables pour le moins aux *Morocco-Barb*, aux *Helmsley-Turk*, aux *Barb-Chillaby* et même aux *Darley* et aux *Godolphin-Arabian*, qui ont formé la race de pur sang anglaise.

N'est-il pas triste de penser que tant d'illustres chevaux, qui faisaient l'orgueil de leurs maîtres, pour la possession desquels des tribus ont combattu, des pachas ont vu s'élever ou tomber leur puissance, que des envoyés européens ont été chercher aux prix de fatigues inouïes, pour lesquels ils ont exposé leur vie et prodigué l'or de leur pays, sont venus en France s'exposer au mépris des uns, aux jugements imbéciles des autres, et, en définitive, n'ont produit, pour le plus grand nombre, que quelques chevaux de meunier, et, au plus, quelques chevaux de troupe, tandis que, judicieusement employés, ils eussent pu fonder en France une famille supérieure à celle qui fait à si juste titre l'orgueil de l'Angleterre, puisqu'elle fût partie de types supérieurs et qu'on eût pu éviter les tâtonnements qui ont présidé à la création du pur sang anglais? Mieux eût valu les laisser dans leur pays, qui se dépeuple chaque jour et dont nous contribuons à diminuer les types sans améliorer nos races, pour y continuer leur précieuse descendance.

On peut, si on veut, tirer de grands enseignements des pages qui précèdent et de l'histoire des individualités que nous avons recueillies. On verra d'abord que le sang arabe, allié à la race pure anglaise dans de bonnes conditions, a produit les meilleurs résultats et a augmenté la force reproductrice pour l'amélioration des espèces inférieures. On remarquera ensuite que le sang arabe s'est parfaitement allié à la famille normande, qui maintenant, en France, est celle qui satisfait le plus convenablement aux besoins de la civilisation moderne, et qu'il est regrettable que parmi les centaines de types arabes qui sont venus en France, trois ou quatre individus seulement, depuis cinquante ans, ont pris place parmi les étalons des établissements du Pin et de Saint-Lô.

On se convaincra que l'arabe n'a été réellement utilisé et n'a donné de bons résultats que dans les haras de l'État, là où ils trouvaient une jumenterie appropriée et des soins favorables à leur acclimatation. Enfin, qu'il n'a manqué à la perfection de la race arabe, continuée par elle-même dans le midi de la France, que la sanction des épreuves pour faire de cette contrée une seconde Arabie.

Si la famille arabe, au lieu d'être rejetée systématiquement à l'écart, était entrée dans la classe du *racer* français, au moyen de poids sagement combinés, qui lui eussent permis de prendre part aux épreuves, indispensable critérium du mérite des reproducteurs, l'amélioration du pur sang français serait maintenant un fait acquis, et le Midi posséderait une famille spéciale qui n'aurait pas son égale au monde pour la trempe, la netteté et la puissance de reproduction sur les espèces inférieures. Que si l'on s'étonne qu'il faille protéger le sang arabe par des décharges de poids, puisqu'on le déclare le plus parfait, on répondra que le cheval arabe, précisément parce qu'il est parfait, qu'il possède à la fois le liant, l'action, la vitalité et l'harmonie, a trop d'ensemble et d'équilibre dans son organisme pour pouvoir courir avec la vitesse de l'anglais, façonné à la course par de longues générations. Le cheval arabe court sur les hanches, le cheval anglais sur les épaules ;

il faut au moins trois ou quatre générations pour que le sang arabe puisse entrer à armes égales dans le système organique du racer anglais. Voilà pourquoi on a renoncé en Angleterre à ce croisement, dont on croit pouvoir se passer désormais. Mais, en admettant même cette conclusion pour l'Angleterre, en l'admettant pour le nord de la France, pour les contrées tempérées de l'Europe qui sont sous les mêmes influences climatériques, il n'en reste pas moins comme un fait irréfragable, que les pays chauds, dans lesquels nous classons le midi de la France, ne peuvent se passer de l'élément oriental pour amener le cheval au niveau de perfection qu'il peut y atteindre et arriver à l'état de race mère. Que, de plus, les courses sont indispensables pour reconnaître le mérite des reproducteurs mâles et femelles, et que des décharges, graduées selon la génération et le degré de croisement, doivent égaliser les chances du type arabe à l'égard du type anglais.

Avant de quitter la question du cheval d'Orient, nous ferons encore une dernière observation dont nous avons trouvé la preuve en examinant la marche et les résultats des diverses missions qui ont eu lieu en Orient depuis cinquante ans, et dont les trois principales sont celles de MM. de Portes, en 1820, de M. du Pont, en 1848, et de M. Pétiniaud, en 1850 : c'est que le cheval d'Orient est loin de s'améliorer, et qu'il marche, au contraire, vers une rapide dégénération. Cette observation, consignée dans les rapports officiels de ces messieurs, reconnaît pour causes principales d'abord le petit nombre de chevaux vraiment purs que possède l'Arabie, les achats continuels qui y ont été faits depuis cinquante ans par toutes les nations du monde, et en particulier par les Anglais des Indes ; la recherche minutieuse qui a été faite dans ces derniers temps des plus précieux types arabes pour peupler les haras du vice-roi d'Égypte ; enfin la pauvreté toujours croissante des principales tribus et l'abaissement des chefs puissants qui mettaient leur orgueil dans le nombre et la perfection de leurs races chevalines. Si le cheval arabe peut être encore régénéré, c'est à la France qu'incombe cette mission. En établissant en Algérie un haras où l'on réunirait les plus beaux types orientaux que possède la France et ceux qu'on pourrait recueillir dans l'Orient lui-même ; en donnant aux produits les soins nécessaires, et surtout en développant leurs qualités par des courses progressives et appropriées à leur organisation, on verrait renaître le cheval des légendes, que notre siècle ne connaît plus, et la France acquerrait de nouveaux droits à la reconnaissance du monde.

BIOGRAPHIE

DES

ÉTALONS DE PUR SANG ANGLAIS

INTRODUITS EN FRANCE

Nous ne parlerons pas des tentatives qui furent faites à la fin du siècle dernier pour introduire en France le pur sang anglais; ces tentatives restèrent infructueuses par suite des événements politiques et de l'état de guerres continuelles qui suivit. Nous citerons seulement, pour mémoire, les noms des étalons de cette race, qui parurent dans des courses publiques, et dont quelques-uns furent consacrés à la reproduction. Mais leur descendance ne s'étant pas conservée dans la race pure, ils n'ont point été compris dans la nomenclature de Stud-Book français.

Barbary, à M. le comte d'Artois, gris, né chez lord Grosvenor, en 1771, par Pangloss et Riddle, a couru à Paris en 1776.

Comus, à M. le comte d'Artois, bai, né chez lord Bolingbroke, en 1770, par Otho et Crab-Mare.

Glow-Worm, à M. le duc de Chartres, bai, né chez M. Brand, en 1772, par Éclipse et Traveller-Mare.

King-Pepin, à M. le comte d'Artois, né chez lord Bolingbroke, en 1772, par Turf et Cygnet-Mare.

Mareschal, bai, né chez lord Rockingham, en 1770, par Saanah-Arabian et Nun.

Teucer, à M. le marquis de Conflans, né chez M. Dauson's, en 1769, par Northumberland et Snip.

Les premiers chevaux de pur sang anglais dont le Stud-Book français fasse mention ne furent pas introduits en vue de la reproduction du pur sang, mais seulement comme éléments de croisement. Aussi nous ne nous en occuperons pas ici, non plus que de ceux qui, introduits plus tard, n'ont pas été donnés aux juments de pur sang.

Ce n'est qu'à partir de 1818 que l'introduction du pur sang anglais devint un principe sérieux d'amélioration; jusque-là, quatre chevaux seulement avaient été achetés par les Haras français, savoir : Statesman, en 1811; Picadilly, en 1814; Clayton, en 1815, et Acrable, en 1817.

En 1818, l'administration des Haras fit acheter en Angleterre douze étalons de pur sang, qui furent encore presque tous consacrés au croisement ; mais, à partir de cette époque, le nombre des juments de pur sang s'accrut d'année en année, et le but principal de l'introduction du pur sang anglais devint désormais la reproduction de sa race.

Quoi qu'il en soit, voici par ordre de dates de naissance les principaux étalons de race anglaise qui ont été consacrés à la reproduction du pur sang.

Snail.

Gris, né chez M. le comte Childers, en 1805, par Stamford et Bourdeaux-Mare. Importé en 1819.

Snail a fait la monte au haras du Pin de 1819 à 1828. Il fut envoyé au dépôt de Lamballe en 1829, et y mourut la même année avant la monte.

Ce cheval est un des excellents types qui soit jamais venu en France ; malheureusement, à l'époque à laquelle il est arrivé, on n'était pas à même d'apprécier tout son mérite pour la continuation de la race pure. La France possédait alors très-peu de juments de pur sang; aussi n'a-t-il donné que deux produits de cette espèce, dont l'un, *Y.-Snail*, est devenu un excellent étalon, comme nous le dirons à l'article des chevaux français, l'autre est mort au lait.

Snail a été employé avec les juments de demi-sang du pays, et s'est admirablement reproduit dans le Merlerault, où l'on cite encore les mères dont il a doté le pays. C'était un cheval d'une conformation magnifique, d'une grande taille et d'une remarquable force musculaire ; il venait des écuries du roi d'Angleterre, et l'on prétend que c'était le seul cheval de pur sang qui ait jamais pu porter Georges IV, dont le poids était considérable.

Rainbow.

Bai, né chez le général L. Gower, en 1808, par Walton et Iris. Importé en 1823.

Ce cheval fut acheté en Angleterre par M. Rieussec, propriétaire du haras de Viroflay, et l'un des hommes auxquels la France doit le plus de reconnaissance pour les services qu'il a rendus à la cause chevaline avec autant de désintéressement que d'intelligence.

Rainbow fit la monte à Viroflay, de 1822 à 1834, époque de sa mort.

Il est peu de chevaux qui se soient autant illustrés par leurs produits que ce célèbre cheval, dont nous avons déjà parlé dans la première partie de cet ouvrage. (Voir page 82.)

Nous ne reviendrons pas sur ses performances en Angleterre. En France, il a laissé 29 produits de pur sang, dont plusieurs, après avoir été d'excellents chevaux de courses, sont devenus de bons étalons ou de précieuses poulinières. Malheureusement son sang ne s'est pas autant perpétué par les femelles qu'on eût pu l'espérer, car plusieurs de ses petites-filles ont été exportées en Angleterre, et un grand nombre d'autres ont été mises en service par suite de cette croyance où l'on était alors que les juments étrangères valaient mieux pour la production que les juments françaises. Cette erreur, qui n'est pas encore entièrement dissipée chez quelques esprits, a été très-funeste à l'amélioration des races françaises. Une des premières règles de la physiologie animale est celle de l'acclimatation des espèces ; des exemples récents la confirment tous les jours.

Parmi les produits les plus remarquables de Rainbow, on cite *Laocoon*, *Félix*, *Jason*, *Franck*, *Hercule*, *Lydia*, *Géorgina* et plusieurs autres.

Rainbow était d'un bon modèle, il avait la prestance d'étalon, une belle et puissante charpente, et un excellent tempérament.

Truffle.

Bai, né chez le duc de Grafton, en 1808, par Sorcerer et Hornby-Lass par Buzzard. Importé en 1817, retourné en Angleterre en 1829.

Ce cheval fut acheté par M. le duc de Guiche, pour le haras de Meudon, où il fit la monte pendant près de douze ans; il retourna ensuite en Angleterre, où il est mort en 1831.

Nous avons parlé de ce cheval dans la première partie. (Voir page 82.) Avant son arrivée en France, il faisait la monte à Newmarket, à raison de 15 guinées.

Truffle a laissé 20 produits de pur sang en France; mais sa descendance n'a pas prospéré, car elle s'est éteinte dans les mâles, et une seule de ses pouliches, *Medea*, est devenue poulinière. Deux de ses fils, *Ypsilanti* et *Oscar*, se sont bien montrés dans les courses de l'époque. On a reproché aux produits de Truffle la légèreté des canons et des tendons faibles. Cependant plusieurs de ces poulains offraient, au contraire, une force remarquable dans cette partie; mais il est à croire que cet étalon précieux n'a pas été aussi judicieusement employé qu'il aurait dû l'être.

Truffle avait de l'ensemble et beaucoup de prestance; sa tête était magnifique d'expression, tout indiquait chez lui le prestige de l'origine et celui des qualités individuelles.

Tooley.

Bai-brun, né chez le comte d'Égremont, en **1809**, par Walton et Phantasmagoria par Precipitate. Importé en **1817**.

Ce cheval fut acheté en Angleterre par M. le duc Des Cars, qui, comme on sait, fut un des premiers et des principaux introducteurs du cheval de pur sang en France. Pendant dix ans, Tooley fit la monte au haras de La Roche, près de Poitiers, et fut père de **14** produits de pur sang. Trois de ses pouliches sont devenues poulinières.

Tooley avait de bonnes performances; il avait couru jusqu'à six ans, avec des chances diverses; mais, en somme, il avait remporté un grand nombre de prix : à quatre ans, il avait gagné **3** prix sur quatre courses, et à cinq ans, sur onze courses, il était arrivé quatre fois premier, et trois fois deuxième.

Tigris.

Alezan, né chez lord Rous, en **1812**, par Quitz et Persépolis par Alexander. Importé en **1818**.

Ce cheval fut acheté, à quatre ans, à lord Darlington, qui le vendit pour la France, à l'âge de six ans. Il fut d'abord placé au haras du Pin, où il resta jusqu'en **1832**, époque à laquelle il fut envoyé à Aurillac, jusqu'à sa mort, arrivée en **1837**.

Ce cheval, d'un mérite supérieur et qui peut passer pour un des types les plus parfaits que la nature ait jamais produits, joignait à la plus haute élégance la force, l'énergie, le liant et toutes les qualités que l'on peut demander à un cheval, mais qui se trouvent bien rarement réunies dans le même individu. C'était à la fois un excellent cheval de course et un cheval de manége de la plus exquise finesse ; sa conformation était sans reproche ; l'expression de sa tête, sa brillante encolure, son port de queue, son magnifique garrot, son corsage arrondi, ses hanches longues et puissantes, et enfin ses membres d'une irréprochable pureté, en faisaient un modèle achevé et tel que la France n'en a pas revu depuis lui

A trois ans, Tigris avait gagné trois prix sur cinq courses et reçu un forfait ; à quatre ans, il fut quatre fois vainqueur sur sept courses, et à cinq ans deux fois vainqueur dont un prix de 200 guinées et les plates de S. M. à Newmarket. Tigris a laissé 29 produits de pur sang ; un grand nombre de ses fils sont devenus de bons étalons, et plusieurs de ses filles ont fait d'excellentes poulinières. Nous citerons parmi les étalons : *Y-Tigris*, *Caton*, *Frivole*, *Espérance* ; et parmi les pouliches : *Niobé*, mère de Franc-Picard ; *Odine*, mère de Bathilde, et *Tigresse*, qui gagna le prix du dauphin et le prix du roi en 1825 et 1826.

Tigris n'a pas malheureusement fait tout le bien qu'il aurait pu faire ; les juments de pur sang étaient rares à cette époque, et les éleveurs n'avaient pas encore pris l'habitude de donner leurs fortes juments aux chevaux de pur sang. La division entre le cheval de selle et le cheval de carrosse existait alors dans toute sa force, et d'ailleurs son poil, qui était alezan fortement rubican, était une cause de répulsion. M. de Bonneval, dans les notes judicieuses qu'il a données sur cet étalon, se plaint de l'indifférence des éleveurs des fortes races à son égard, et de ce qu'on ne lui livrait en général que des juments légères, avec lesquelles il donnait sans doute des chevaux charmants, mais peu appréciés du commerce ; aussi n'est-ce guère qu'avec les juments des Haras que l'on a pu voir le mérite de Tigris comme reproducteur ; malheureusement la vente de la jumenterie, après 1840, a dispersé et anéanti pour jamais les restes des croisements de ce précieux étalon.

Captain-Candid.

Bai, né chez M. Watt, en 1813, par Cerberus et Mundane par Pot-8-Os. Importé en 1825. Ce cheval fut acheté en Angleterre par M. de Solannet, de lord Exeter, qui l'avait acheté de M. Watt, à l'âge de cinq ans.

Il fut d'abord placé au Haras de Pompadour, de 1825 à 1823, puis il fit la monte à Meudon et au Pin, de 1830 à 1832. Au Pin, seulement de 1833 à 1835; enfin à Saint-Lo, de 1836 à 1838, époque à laquelle il termina sa carrière.

Captain-Candid fut un des meilleurs racers de son temps. A trois ans, il gagna 3 prix sur cinq courses, battant de bons chevaux; à quatre ans, 5 prix sur neuf courses; à cinq ans, 2 prix sur 7 courses, et à six ans, 2 prix sur quatre courses; en tout, douze victoires, dont plusieurs grands prix, plates et coupes d'or. Il fut aussi 2e au Saint-Léger.

Comme conformation, ce cheval avait de grandes beautés, près de terre, profond dans sa poitrine, très-fort dans ses hanches, la tête et l'encolure superbes, les membres forts et nets; il offrait dans tout son ensemble l'aspect de la puissance et de la vigueur réunies à une suprême distinction. Une particularité remarquable était sa magnifique attache de tête et la profondeur de sa gorge. Malgré tous ces avantages de performances et de conformation, Captain-Candid n'a pas fait souche; peut-être la maladie dont il a été atteint en arrivant en France a-t-elle nui à son tempérament. Mais on lui reprochait une grande irrégularité dans la manière de se reproduire, ainsi que la petite taille de ses poulains. Il a souvent donné aussi des paturons longs, des jarrets droits et des dos bas. Ces considérations, jointes à son peu de fécondité, font qu'il reste très-peu de traces de lui dans la race du pays.

Captain-Candid a donné 45 produits de pur sang et, parmi eux, quelques bons étalons de croisement et quelques poulinières de mérite; mais la plupart ont été mal employés et, en somme, tant en pur sang qu'en demi-sang, ce remarquable cheval aura, malgré son long séjour en France, très-peu marqué dans la production.

D. I. O.

Alezan, né chez M. Powlett, en 1813, par Whitworth et Hambletonian-Mare. Importé en 1818.

Ce cheval fut acheté en Angleterre par M. de Solannet, inspecteur général des Haras; il fut placé au Haras du Pin de 1818 à 1826, et à Aurillac de 1827 à 1832, époque de sa mort.

D. I. O. avait de très-honorables performances ; à trois ans, sur quatre courses, il gagna une fois, fut une fois 2ᵉ, et reçut un forfait; à quatre ans, sur neuf courses, il fut quatre fois premier et deux fois 2ᵉ, battant de bons chevaux.

La conformation de D. I. O. était fort belle, il avait de la taille, de la force, de l'élégance et des lignes superbes ; on lui reprochait d'avoir l'épaule un peu ronde. Cependant il s'est bien reproduit sous ce rapport. Quoique ce cheval n'ait eu qu'un produit de pur sang, et encore avec une jument arabe, nous l'inscrivons néanmoins ici, à cause des magnifiques produits de demi-sang qu'il a donnés dans le Merlerault ; c'est, pour ainsi dire, le premier cheval de pur sang qui ait marqué dans le pays une trace profonde et éternelle; car il n'est pas d'éleveurs renommés qui ne fassent remonter l'origine de quelques-unes de leurs meilleures poulinières au fameux D. I. O. Un grand nombre de ses produits non tracés ont gagné des prix dans les courses de cette époque.

Milton.

Bai, né chez le duc de Grafton, en 1813, par Waxy et Miltonia par Patriot. Importé en 1824.

Ce cheval a été acheté en Angleterre par M. le duc de Guiche. Il fut d'abord placé au haras de Meudon ; il devint plus tard la propriété du baron Schickler, lequel le vendit, en 1834, à M. Cabarus, de Bordeaux. Milton a de bonnes performances; à trois ans, il gagna 7 prix, battant de bons chevaux ; à quatre ans, il ne fut qu'une fois vainqueur ; mais, à cinq ans, il remporta 4 beaux prix dans de bonnes conditions. La conformation de Milton était bonne et forte. Il était, en outre, très-brillant et bâti en étalon. Comme beaucoup d'autres chevaux de cette époque et même de la nôtre, il fut très-mal employé. Il a laissé 17 produits de pur sang. On cite, parmi eux, Vittoria, jument célèbre par ses courses, qui fut mère de Nautilus. Il produisait aussi quelques autres poulinières d'un bon modèle, mais dont on n'a pas su tirer parti.

Spectre.

Bai, né chez M. Bodenham, en 1815, par Phantom et Filli-Kins par Gouty. Importé en 1834.

Ce cheval fut acheté en Angleterre par un particulier, et fit la monte à Paris, de 1834 à 1836. Acheté par l'administration des Haras en 1837, il fut envoyé à Braisnes de 1837 à 1839, et à Cluny de 1839 à 1841, époque de sa mort.

Peu de chevaux ont couru si longtemps et ont obtenu d'aussi grands succès que Spectre; à trois ans, sur neuf courses, il fut six fois vainqueur et une fois 2e; à trois ans, sur treize courses, il fut huit fois vainqueur et deux fois 2e; à cinq ans, sur six courses, il fut cinq fois premier; enfin, il fut bien placé dans ses courses de six ans : en tout, dix-neuf victoires sur trente-deux courses.

Ce cheval, dont la conformation était bonne et forte, n'a pas été convenablement employé, il n'a eu que 6 produits de pur sang, et on ne cite rien de remarquable dans sa descendance.

Tandem.

Alezan, né chez M. Folkard, en 1816, par Rubens et Jannette par King. Importé en 1825.

A son arivée en France, ce cheval fit la monte chez M. Patureau, chez M. Crémieux et chez M. de La Roque; il fut vendu à l'administration des Haras, en 1836, et fut placé au dépôt de Cluny, où il resta jusqu'en 1841, époque de sa mort.

Tandem s'appelait primitivement MULTUM-IN-PARVO; mais ce nom fut changé en celui de Tandem, parce qu'un jour lord Muncaster, à qui il appartenait, l'ayant attelé à un tandem pour aller aux courses d'Oxford, le hasard voulut qu'un pari lui fût proposé contre ce cheval. Lord Muncaster le fit dételer sur-le-champ, le fit courir, et gagna facilement; depuis lors, le nom de Tandem lui est resté.

Ce cheval courut plusieurs fois en France pour des paris particuliers, de 1825, à 1828, et fut presque toujours vainqueur. C'était un étalon bien organisé et d'un excellent tempérament. Il a laissé neuf produits de pur sang; mais sa descendance n'a pas été soignée et il n'en est rien resté.

Tandem fut fort apprécié à Cluny, quoiqu'il n'y soit arrivé qu'à l'âge de vingt ans. Il fut avidement recherché des éleveurs, et ses produits de demi-sang ont fait souche dans le pays.

Carbon.

Bai, né chez le duc de Grafton, en 1817, par Waxy et Charcoal, par Sir-Peter, importé en 1822.

Ce cheval fut acheté, en Angleterre, pour le compte de l'Administration des Haras, et placé au dépôt d'étalons de Corbigny en 1828, et à Saint-Maixent en 1829. La même année il fut vendu à M. le duc Des Cars, qui le céda ensuite à M. Laborie, en 1837, chez lequel il mourut après la monte.

Carbon n'a pas eu de bonnes performances, il a été très-médiocre dans ses courses, mais il était bien établi en père, et d'une bonne origine.

Il a laissé 23 produits de pur sang, parmi lesquels il y a eu de bons étalons de croisement et des poulinières dont on eût pu tirer parti si elles eussent été placées dans de bonnes conditions.

Trance.

Bai, né chez le duc de Grafton, en 1817, par Phantom et Pass-Joan, par Waxy, importé en 1825.

Ce cheval, acheté en Angleterre pour le haras de Meudon, fut vendu à M. le duc Des Cars, qui le céda à l'Administration des Haras, en 1831. Il fut envoyé au dépôt d'étalons d'Angers, où il est mort en 1836, avant la monte.

Ce cheval n'a pas eu de grands succès dans ses courses, quoique ayant paru pendant trois ans sur le turf. Sur 22 courses, il est arrivé 6 fois premier et 7 fois second, encore ses victoires n'ont-elles consisté qu'en prix de peu d'importance. Cependant sa belle et forte conformation, la richesse de son sang et sa prestance d'étalon, le distinguèrent naturellement comme un reproducteur convenable et digne d'être essayé. Aussi, n'eût-il été que le père de *Sylvio*, sa gloire n'en serait pas moins solidement établie. Ses produits de pur sang sont au nombre de 21 parmi lesquels, outre *Sylvio* déjà nommé, on cite comme étalons, *Hercule*, *Deucalion* et *Imbert*, ainsi que plusieurs poulinières qui n'ont eu d'autre tort que de ne pas être placées dans de bonnes conditions.

Vampyre.

Bai, né chez le duc de Grafton, en 1817, par Waxy et Vestal, importé en 1830.

Ce cheval fut acheté, en Angleterre pour le compte de l'Administration des Haras; il fut placé au haras du Pin, de 1830 à 1834, et à Saint-Maixent de 1835 à 1838, époque de sa mort.

Vampyre n'a pas eu de succès dans ses courses, mais sa conformation était bonne et son sang excellent, il avait des lignes superbes et de bons membres.

Il n'eut que DEUX produits de pur sang. Sa fille *Elvire*, par Alexina, est mère de Suavita à M. Auguste Lupin.

Vanloo.

Bai, né chez M. Dilly, en 1817, par Rubens et Louisa, par Pegasus, importé en 1830. Ce cheval fut ramené en France par M. Winnot; il a fait la monte à Paris où il est resté jusqu'en 1835.

Vanloo courut pendant deux ans sans grands succès, il remporta, à 3 ans, trois prix sur cinq dans des courses de peu d'importance ; mais à 4 ans, sur sept courses, il ne fut vainqueur que deux fois dans des prix à réclamer.

Quoique Vanloo ait été donné aux plus belles juments du haras de Meudon et du haras de Glatigny, il n'a laissé qu'une pouliche, *Facelia*, par Vittoria, laquelle est mère de *Minuit*, à M. Fasquel.

Doge-of-Venice.

Alezan, né chez M. Stanley, en 1818, par Sir-Oliver et Maid of Lorn, par Castrel, importé en 1825.

Ce cheval, acheté en Angleterre pour le compte de l'Administration des Haras, fut placé, en 1825 au haras de Rosières où il resta jusqu'en 1829 ; au haras de Pompadour, de 1830 à 1831, et enfin au dépôt d'Aurillac, où il mourut, en 1835.

Doge-of-Venice fut un des plus rudes jouteurs de son temps, il courut jusqu'à 6 ans. A 3 ans, sur huit courses, il fut quatre fois vainqueur et trois fois second ; à 4 ans, sur cinq courses, il fut trois fois premier ; et à 6 ans, il gagna la seule course qu'il courut. En tout, vingt courses et treize victoires dans de bonnes conditions. La conformation de ce cheval était bonne et puissante, il fut employé à Rosières avec les juments du haras. Ses poulains étaient forts et bien membrés : On lui reprochait de donner souvent des têtes mal attachées et des jarrets étroits et ronds. Toutefois c'était un précieux étalon qui, comme tant d'autres, a été fort mal utilisé. Plusieurs de ses produits non tracés parurent avec avantage dans les courses de l'époque. Une de ses filles, *Dovine*, par Éléonore, gagna plusieurs prix.

Eastham.

Bai brun, né chez M. Stanley en 1818, par Sir-Oliver et Cowslip par Alexander, importé en 1825.

Ce cheval acheté en Angleterre par M. de Solannet pour le

compte de l'Administration des Haras, fut placé au haras du Pin, de 1825 à 1833 et au dépôt d'étalons de Saint-Lo, de 1834 à, 1841 époque où il est mort.

Si les performances d'Eastham ne sont point brillantes, elles ne sont point cependant aussi médiocres qu'on l'a dit. A 3 ans il courut sous le nom de Brother-of-Hooton ; sur sept courses il fut trois fois vainqueur, et deuxième dans la Plate de S. M. à Lichfield où il était le favori. Eastham était d'une admirable conformation plastique, sa tête, ses membres et ses lignes ne laissaient rien à désirer ; on ne pouvait lui reprocher que sa côte un peu plate, sa poitrine un peu remontée et ses hanches un peu étroites. Ses allures étaient magnifiques et son aspect, monté au manége, offrait le plus séduisant tableau.

Eastham est un des chevaux qui ont le plus marqué dans la production du cheval en France, ses descendants directs et indirects, ont porté son sang dans tous les établissements. Il est donc important d'entrer dans quelques détails à son égard. Eastham est venu au haras du Pin en 1825. La première année il avait eu peu de juments, la plupart appartenant au Haras. Ses produits avaient de l'éclat, et de beaux membres, mais ajoute très-judicieusement, M. de Bonneval : « on le jugera plus tard, sous le rapport des qualités. » En effet, Eastham quoique d'un très-bon sang, et d'une magnifique conformation avait été défavorablement jugé en Angleterre sous le rapport du fond et de l'énergie, de plus, il fut violemment atteint de l'épizootie inflammatoire qui attaqua un grand nombre de chevaux en France en 1825. Il est possible qu'il ait pris là le germe du tempérament lymphatique et scrofuleux qu'il a donné à un très-grand nombre de ses poulains. En parcourant les notes de M. de Bonneval, on voit qu'Eastham peu fécond dans les premières années, le devint chaque année davantage, que ses poulains grands, forts et distingués se vendaient bien, et qu'enfin, les éleveurs les recherchaient avec empressement. A cette époque en effet, des préjugés bizarres et la mode du jour qui n'était pas aussi prononcée pour le service du cheval de demi-sang qu'elle l'est devenue de nos jours, faisaient rejeter comme producteur, le cheval de pur sang, surtout lorsque, ce qui arrivait souvent, les produits n'avaient pas cette rondeur de formes qu'on était habitué à prendre pour le principe de la beauté chevaline. Les produits d'Eastham avaient tout pour eux ; ils joignaient la force à l'élégance, et l'harmonie aux lignes les plus accentuées. Aussi, tout en déplorant la mauvaise qualité du sang qu'il a donné à sa descendance, on peut dire qu'il a beaucoup servi à l'amélioration, en ce sens qu'il a amené les éleveurs à l'emploi du cheval de pur sang, emploi qu'ils eussent été beaucoup plus longtemps a apprécier sans la vente facile des produits d'Eastham.

Le peu de mérite de la provenance de ce cheval fut longtemps avant d'être reconnu. En 1830, M. de Bonneval, accusait ses produits d'être un peu mous, il renouvelle cette note en 1831, enfin, en 1832 Eastham est noté, comme ayant le flanc altéré. Malheureusement les belles proportions des produits de cet étalon, dans un temps, où l'on ne jugeait les pères que sur la conformation, ont trop porté les éleveurs à introduire peu à peu le sang d'Eastham dans l'élite de la population chevaline de la Normandie, ce qui a causé les plus déplorables résultats. Il est peu de sujets provenant de ce sang qui ne soient entachés de pousse, de faiblesse de poitrine, de tares osseuses de toute nature et dans tous les cas, d'une mollesse qui les rend incapables du moindre service. Ce sang déplorable est d'autant plus perfide, qu'il passe souvent une ou même deux générations sans annoncer positivement sa pernicieuse influence, tandis que les vices se retrouvent dans la descendance. Ainsi, *Émule*, magnifique étalon de demisang, né au haras du Pin, et élevé avec tous les soins convenables, s'est toujours reproduit médiocrement sous le rapport de la santé et de l'énergie. Il en est de même de Friedland, très-bel étalon, fils de Napoléon et d'Hélène, par Eastham.

Eastham a produit 39 poulains et pouliches de pur sang et

il est à remarquer qu'en général, il s'est mieux reproduit dans cette race que dans le demi-sang, soit que l'énergie du sang de la mère ait pallié la mauvaise condition de celui du père, soit que les bons soins et la bonne hygiène y aient eu leur grande part, toujours, est-il qu'un certain nombre de ses poulains sont devenus de bons étalons de croisement, parmi lesquels on cite : *Amadis, Fortuné et Éprouvé*, et que plusieurs de ses pouliches sont devenues également de remarquables poulinières ; parmi elles nous citerons : *Dine, Cloton*, mère d'Aly-Baba et de Béranger, *Discrète*, mère de Grog et de Guignolet, *Bergère*, mère de Pecora et grand'mère de Maryland, et de Lully, *Agar*, mère de Reine-de-Chypre et d'Eremos.

Claude.

Né chez M. W. Chifney, en 1819, par Haphazard et Landscape, par Rubens, importé en 1825. Ce cheval fut acheté en Angleterre par M. le comte Hocquart, et fit la monte à son haras de Lucienne, près Saint-Germain. Claude ne manquait pas de qualités et sa conformation était assez bonne, mais nous n'en parlerons pas plus longuement, car il n'a eu que trois produits de pur sang, dont une seule poulinière, qui a appartenu à M. Fasquel.

Rowlston.

Gris, né chez M. Haworth, en 1819, par Camillus et Miss-Zilia-Teazle, importé en 1827. Ce cheval fut acheté par M. le duc de Guiche, en Angleterre et placé au haras de Meudon, de 1827 à 1834. Il fut ensuite concédé à l'Administration des Haras et fut envoyé à Tarbes de 1835 à 1837 époque de sa mort. Rowlston ne courut qu'à 3 ans, mais il se fit une bonne réputation en arrivant deux fois premier et deux fois second sur quatre courses, battant un champ nombreux et bien composé. La conformation de Rowlston était presque irréprochable au point de vue plastique. Il était fortement établi et plein d'élégance et d'énergie. Il a laissé 20 produits, dont plusieurs se sont montrés avec succès sur l'hippodrome. On remarque parmi ses pouliches *Noëma*, mère de Quoniam, exportée en Belgique ainsi que sa sœur *Volante*.

A Tarbes, Rowlston fut regardé comme un cheval de premier ordre, et a laissé, en demi-sang, des produits qui ont fait souche dans les Pyrénées.

Théodore.

Bai, né chez M. Dawson, en 1819, par Woful et Coriander-Mare, importé en 1838.

Ce cheval est arrivé en France fort âgé. Il fut placé en Bretagne, chez M. Goguet, qui en avait fait l'acquisition. Il fit la monte près de Brest, de 1838 à 1841. Théodore avait de très-belles performances ; à 2 ans, sur trois courses, il fut une fois premier et une fois deuxième; à 3 ans, sur cinq courses, il remporta quatre victoires, dont le grand Saint-Léger ; à 4 ans, il fut moins heureux et fut constamment battu.

Théodore était un cheval d'une belle prestance, d'une haute élégance, et assez fortement établi. Mais ses membres n'avaient pu résister aux épreuves qu'il avait eues à supporter, et ses jarrets ainsi que ses boulets, surtout ceux des extrémités antérieures avaient subi une déformation complète. Ce cheval qui s'est médiocrement reproduit en Angleterre, a donné en France de jolis poulains, mais qui n'ont pas été élevés dans de bonnes conditions, aussi sa descendance ne s'est-elle pas perpétuée.

Marcellus.

Bai, né chez le général Grosvenor, en 1819, par Selim et Briseïs, par Beningbrough. Ce cheval fut acheté en Angleterre, en 1834, par M. de Mesnard, qui le revendit à l'Administration des Haras en 1838. Il fut placé au dépôt d'étalons d'Angers, où il mourut en 1844.

Marcellus a d'assez belles performances, quoique n'ayant

gagné qu'un seul prix à 3 ans, sur cinq courses. Il fut plus heureux à l'âge de 4 ans, il gagna quatre prix et fut une fois deuxième sur cinq courses également, battant plusieurs bons chevaux.

La conformation de Marcellus était élégante et gracieuse, il était net de tares et assez fortement établi. Il a laissé dans l'Anjou une bonne réputation comme reproducteur. Ses poulains de pur sang sont au nombre de 20, parmi lesquels on compte de bonnes poulinières : *Belle-Poule*, à M. Boutton-Levêque, *Vision, Marcella, Iris*. Marcellus s'est aussi parfaitement reproduit en demi-sang et a donné d'excellents produits aux remontes de l'Anjou.

Holbein.

Bai, né chez lord Exeter, en 1819, par Rubens et Golumpus-Mare, importé en 1826.

Ce cheval fut acheté en Angleterre, par M. Strubberg, pour le compte de l'Administration des Haras et fut placé d'abord au haras de Rosières, en 1826 jusqu'en 1832, puis au haras du Pin, de 1833 à 1834. Il fut castré et vendu en 1835.

Holbein a couru deux fois en 1822 et a gagné un prix de 300 guinées à New-Market. En 1823, il courut treize fois et gagna sept fois. Sans être très-vite, il était remarquable par son fond et courait avec avantage les longues distances. Holbein était très-fortement établi, ses membres étaient suivis et réguliers, ses lignes superbes, quoiqu'il fût un peu négligé dans ses hanches. Ses paturons postérieurs étaient peu nets, ce qui a fait penser qu'il était affecté de formes. C'est cette cause qui provoqua sa réforme et sa castration en 1835. Cette mesure a été blâmée par quelques personnes, d'autant plus que la magnifique descendance de ce cheval pendant les deux ans qu'il a passés en Normandie, ont fait regretter le père, et qu'aucun de ses produits n'a hérité de la défectuosité qui lui était attribuée. C'est ce qui prouve qu'il ne faut jamais agir avec précipitation, surtout quand il s'agit de chevaux précieux. Holbein a laissé 14 produits de pur sang, qui tous étaient remarquables par leur force et leur énergie. Malheureusement la plupart de ses pouliches ont été employées au service. On cite parmi sa descendance directe : *Ali-Baba*, très-bon cheval de course, *Chimère*, mère d'*Aramis* et *Corysandre* une des meilleures juments de course connue, mais qui, comme il arrive souvent aux juments trop fortes et dont la beauté se rapproche de celle de l'étalon, s'est montrée peu féconde.

Abron.

Bai, né chez M. Watt, en 1820, par Whisker et Altisidore, par Dick-Andrews, importé en 1828. Ce cheval fut placé au haras de Pompadour, de 1834 à 1837. Les performances d'Abron, n'ont rien de remarquable ; cependant, il gagna à 2 ans le seul prix dans lequel il fut engagé et à 3 ans un prix sur quatre qu'il courut. C'était un cheval d'une bonne conformation, mais sans beaucoup de cachet. Il a laissé huit produits de pur sang, parmi lesquels plusieurs pouliches qui sont devenues de bonnes poulinières.

Bizarre.

Bai brun, né chez lord Lowther, en 1821, par Orville et Bizarre, par Peruvian, importé en 1840.

Ce cheval fut acheté en Angleterre de lord Cavendish, au nom duquel il courait et fut placé au dépôt d'étalons de Paris, de 1840 à 1843, à Tarbes de 1843 à 1848 époque à laquelle il fut réformé étant complétement usé.

Bizarre a de très-belles performances ; à 3 ans il gagna deux prix sur huit courses ; à 4 ans quatre prix sur six courses dont les Oatlands, la coupe d'or d'Ascot et plusieurs grands prix à New-Market ; à 5 ans quatre prix sur huit courses, dont plusieurs grands prix à New-Market et la coupe d'or d'Ascot.

Bizarre était un bon étalon très-régulier dans son corps, mais léger de membres, un peu enlevé et peu net dans ses jarrets. Beaucoup de ses poulains ont été tarés comme lui. Il a laissé 62 produits de pur sang parmi lesquels *Djalma* et plusieurs poulinières, entre autres : *Jessica*, *Error*, *Oddity*, *Myszka*, *Fleet*, *Odette*, *Anemone*, etc.

Général-Mina.

Alezan, né chez M. Stanley, en 1820 par Camillus et Willam-Son's-Ditto-Mare, importé en 1829. Ce cheval fut acheté en Angleterre, pour le compte de l'Administration des Haras Il fut placé au haras de Rosières, de 1829 à 1842, et au dépôt de Strasbourg, de 1842 à 1846 époque de sa mort. Ce cheval avait de belles performances, à 3 ans il gagna trois grands prix sur six courses; à 4 ans, six prix sur huit courses; à 5 ans, deux sur huit courses : en tout, treize prix dont plusieurs coupes d'or.

Général-Mina avait une belle prestance, et beaucoup de distinction, on lui reprochait une tête un peu longue et presque busquée qu'il a souvent donnée à ses produits, mais ce qu'on lui reprochait surtout, c'était de donner des robes pâles et beaucoup de blanc. Quoi qu'il en soit, c'était un étalon d'un mérite très-distingué et dont il est à regretter qu'on n'ait pas mieux soigné la descendance ; car, malgré les 50 produits de pur sang qu'il a laissés, un très-petit nombre ont été consacrés à la reproduction de la race pure. Général-Mina s'est très-bien reproduit en demi-sang avec les juments du haras de Rosières un grand nombre de ses fils ont été de bons étalons de croisement et ses pouliches de précieuses poulinières.

Libertine.

Bai, né chez M. Mytton, en 1820, par Filho-da-Puta et Sancho-Mare, importé en 1831.

Ce cheval acheté en Angleterre par M. Strubberg, pour le compte de l'Administration des Haras, fut placé au haras du Pin, de 1831 à 1832 et ensuite au dépôt de Libourne, de 1832 à 1844, époque de sa mort.

Libertine, sans avoir eu de grands succès de courses a couru honorablement. A 3 ans, il ne gagna rien, mais à 4 ans il gagna cinq prix sur sept courses, battant de bons chevaux. Ce cheval avait un bel ensemble et beaucoup de prestance, il convenait parfaitement au croisement des juments de demi-sang et ses productions étaient recherchées. Devenu fourbu sur la fin de sa vie, il fut abattu en 1844.

Libertine n'a eu que 11 produits de pur sang, parmi lesquels *Odette*, mère de Tontine.

Premium.

Alezan, né chez M. le duc d'York, en 1820 par Aladdin et Gohanna-Mare, importé en 1825.

Ce cheval fut placé au dépôt d'Aurillac en 1826, au haras de Pompadour de 1827 à 1829, au haras de Rosières de 1830 à 1836, au haras de Pompadour de 1837 à 1840, au dépôt de Libourne de 1840 à 1843 époque de sa mort.

Premium avait de belles performances, à 3 ans il est arrivé trois fois premier sur six courses, et à 4 ans quatre fois premier sur dix courses, en tout sept victoires, dont plusieurs grands prix, battant de bons chevaux.

Premium était un bel étalon ayant beaucoup de genre et de belles lignes. Ses membres sans être très-forts étaient réguliers et très-nets. Il était d'un caractère très-irritable, et ses produits s'en ressentaient un peu. Ce cheval a laissé 38 produits de pur sang, dont plusieurs bonnes poulinières. Il a donné un grand nombre de bons étalons et de belles juments avec les poulinières de demi-sang du haras de Rosières. Nous ferons à propos de ce cheval une remarque générale, qui peut s'appliquer à un grand nombre d'autres remarquables producteurs. C'est la déplorable erreur dans laquelle est tombée l'Administration des Haras en changeant si souvent et si intempestivement les étalons d'un lieu à l'autre, on n'a pas pris assez garde combien l'acclimatation est nécessaire à un étalon pour se reproduire avec avantage ; ce n'est souvent qu'après

3 ou 4 ans de séjour dans un pays qu'un étalon s'y reproduit dans toute sa plénitude organique, tant sous le rapport des formes que sous celui du tempérament et de la vitalité. Le défaut d'acclimatation des pères et des mères a beaucoup nui jusqu'à ce jour à l'amélioration du pur sang en France.

Lottery, ex-Tinker.

Bai brun, né chez M. Watt, en 1820 par Tramp et Mandane, par Pot-8-Os, importé en 1834. Ce cheval fut acheté en Angleterre pour le compte de l'Administration des Haras, par M. Henri Lacase, et placé au dépôt de Paris en 1834, au haras du Pin et à Paris en 1835, à Angers en 1836 et 1837, à Paris en 1838, et enfin au Pin en 1843 où il mourut en 1845.

Lottery était très-irascible et capricieux dans ses courses. A 4 ans, il fut cinq fois vainqueur de King's-Plates et de coupes d'or ; à 5 ans six fois vainqueur; à 6 ans une fois, battant d'excellents chevaux. Les succès qu'il a obtenus peuvent faire juger de ceux qui l'attendaient, s'il se fût montré toujours dispos et apte à courir en toute occasion. Aussi le nom de Lottery lui fut-il donné en raison du peu de certitude que l'on pouvait fonder sur lui.

Nous avons déjà parlé de ce cheval (voir la 1re partie, page 92). Il avait fait la monte en Angleterre et un grand nombre de ses produits y ont obtenu de beaux succès dans les courses; entre autres : *Consul, Tetotum, Crispin, Speculator, Chance*, etc. C'était un grand et fort cheval, d'une conformation régulière et compacte, ses membres avaient de la force, et de l'ampleur, sa tête une belle expression et son aspect général était celui de l'étalon.

Lottery a laissé en France 99 produits de pur sang, dont un grand nombre sont devenus des chevaux de courses renommés, et ont fait plus tard de bons étalons et d'excellentes poulinières. On cite parmi eux : *Miss-Fury, Norna, Quine, Croqu'en-bouche, Ratopolis, Adeline, Eliezer, Roulette, Angora, Tomate*, etc.

Tancred.

Bai, né chez lord Lowther, en 1820, par Selim et Hamble-Tonian-Mare, importé en 1827.

Ce cheval fut acheté en Angleterre, par M. le duc de Guiche, pour le haras de Meudon où il resta de 1827 à 1834 époque à laquelle il fut acheté par l'Administration et envoyé au dépôt d'Abbeville. Tancred n'a couru que deux fois, la première pour le Derby où il fut second; tombé boiteux à la deuxième course, il fut employé comme étalon. C'était un beau cheval ayant de l'ensemble et de très-belles lignes. Il a donné en France dix-neuf produits, parmi lesquels il s'est trouvé de bonnes poulinières, mais on a trop négligé sa descendance, comme celle de tous les chevaux de cette époque.

Mustachio.

Bai, né chez M. Riddell en 1821, par Whisker et Leon-Forte, par Eagle, importé en 1828. Ce cheval fut acheté par M. Strubberg pour le compte de l'Administration des Haras, et placé au haras du Pin, de 1828 à 1829, au haras de Pompadour de 1830 à 1836, où il fut abattu la même année étant devenu poussif outré.

Mustachio avait eu d'assez beaux succès de course; à 3 ans il avait été trois fois vainqueur sur trois courses, à 4 ans il gagna trois prix, dont la coupe d'or de Manchester sur six courses. Il fut acheté par le roi d'Angleterre, comme étalon à l'âge de 5 ans.

Mustachio était un joli étalon d'un bel ensemble et de beaucoup de distinction, mais il était un peu léger de partout et d'un caractère irritable.

Ce cheval a laissé 20 produits de pur sang, parmi lesquels plusieurs poulinières remarquables qui malheureusement n'ont pas été appréciées selon leur mérite. On cite parmi elles *Louise*, mère de Chimère, magnifique poulinière qui fut à son tour mère d'*Egeste*, d'*Aramis* et de *Podarge*.

Royal-Oak.

Bai, né chez M. Harisson en 1823, par Caton, et Smolensko-Mare, importé en 1833.

Ce cheval fut acheté en Angleterre, par lord Henri Seymour et placé à son haras près de Paris, où il fit la monte de 1833 à 1843, acheté à cette époque par l'Administration des Haras, il fut placé d'abord au dépôt de Paris, puis au haras du Pin en 1845 jusqu'en 1849, époque à laquelle totalement vieux et usé, il fut réformé et vendu. Il est mort la même année à l'âge de 26 ans.

Nous avons parlé de ce cheval dans la première partie (voir page 95), nous avons dit qu'il se rendit célèbre par ses courses et que sa réputation en Angleterre était aussi bien établie comme racer que comme reproducteur, puisqu'il a produit *Slane* père de *Sting* un des meilleurs étalons de l'Angleterre.

Royal-Oak est certainement un des quatre ou cinq meilleurs étalons de pur sang qui soient jamais venus en France, et un de ceux dont la descendance a le plus marqué jusqu'à ce jour tant en pur sang qu'en demi-sang, dans la production du cheval français. Royal-Oak était d'une taille moyenne, bien posé sur ses membres, d'un ensemble parfait, et doué de lignes magnifiques, ses directions articulaires étaient irréprochables, et ses membres réunissaient tout à la fois, la force à la distinction. Sa tête sans être parfaitement carrée avait la plus belle expression et se joignait à l'encolure par une attache gracieuse et souple. Royal-Oak réalisait l'idéal du bon et beau cheval tel que peuvent le produire notre latitude et notre climat.

Royal-Oak a laissé en France 171 produits de pur sang, dont un grand nombre sont devenus de bons étalons et d'excellentes poulinières. Nous citerons parmi les premiers : *Plower, Edouard, Arion, Balthazar, Adolphus, Auriol, Aramis, Emilien, Clown, Pied-de-chêne, Commodore-Napier, Porthos, Governor, Royal-George, Maryland, Maître-d'École,*

Oak-Stick, et parmi les secondes : *Poëtess, Gringalette, Podarge, Dorade, Margarita, Jenny, Tronquette, Sérénade, Écho, Nativa, Défiance,* etc.

Royal-Oak a fait la monte à Paris pendant 12 ans, il y a produit un grand nombre de poulains, avec des juments du plus haut mérite, et on s'étonne qu'il ne se soit pas trouvé dans le nombre plus de chevaux supérieurs ; c'est d'ailleurs une remarque générale à faire, que les juments placées dans les environs de Paris réussissent moins bien que celles de certaines autres contrées de la France.

Arrivé au haras du Pin à l'âge de 22 ans, vieux, fatigué et dans un tel état de santé, que le directeur du Dépôt des remontes de Paris le signalait en partant comme entièrement défait et ayant besoin de grands ménagements pour se remettre, et que le directeur du Pin à son arrivée n'espérait pas pouvoir lui faire faire plus d'une monte à son établissement. Cependant, ce cheval pendant les quatre années qu'il vécut encore, à l'aide des plus grands soins, produisit plus de chevaux remarquables avec vingt-cinq juments qu'il n'en avait produit à Paris en douze années avec cinquante. Si Royal-Oak, fût venu en Normandie dans la plénitude de sa puissance régénératrice, on ne peut dire à quel degré de perfection se serait élevée la production de ce précieux étalon. Cette remarque peut se généraliser à l'égard d'un grand nombre d'autres excellents reproducteurs. L'étude des contrées convenables pour obtenir la meilleure reproduction du cheval de pur sang n'est pas encore faite en France, et c'est une des causes du peu de succès relatif, obtenu jusqu'ici dans l'élève de cette race.

Tarrare.

Bai, né chez lord Scarborough en 1823, par Catton et Henriette, par Sir-Salmon, importé en 1839.

Ce cheval fut acheté en Angleterre par M. Eugène Aumont, de M. Théobald, chez lequel il avait fait la monte pendant plusieurs années. Il fut d'abord employé au haras de son propriétaire près Caen, puis il fut vendu à l'Administration des Haras en 1841, et placé la même année au dépôt de Saint-Lo, où il resta jusqu'à sa mort arrivée en 1847.

Tarrare avait de très-belles performances ; à 2 ans il avait gagné une fois et était arrivé deuxième l'autre, sur deux courses ; à 3 ans il gagna le grand Saint-Léger, battant *Mulatto*, *Bedlamite* et un champ de 27 chevaux ; à 4 et à 5 ans il fut encore vainqueur dans quelques courses, battant de bons chevaux. C'était un cheval d'une grande taille, bâti en force, et d'un caractère d'étalon bien prononcé, son ensemble n'était pas gracieux, sa tête était très-forte, et presque busquée ; mais c'était en somme un producteur précieux, dont la netteté et le tempérament ne laissaient rien à désirer. Il est fort regrettable que ce cheval n'ait pas été mieux employé, car ses produits ont prouvé en sa faveur, malgré leur petit nombre ; en effet, il n'a eu que 15 produits de pur sang et sur ce nombre plusieurs ont été élevés dans de si mauvaises conditions qu'on n'a pu en tirer parti. Mais quelques-uns ont prouvé tout le mérite du père, tels que : *Cavatine*, *Sophiste*, *M.-d'Écoville*, *William*, etc. Il a laissé dans le Cotentin un grand nombre de produits de demi-sang qui ont avantageusement croisé la race du pays.

Lutzen.

Alezan, né chez M. Hunter en 1824, par Gustavus et Shrimp, par Scud, importé en 1829.

Ce cheval a été acheté en Angleterre pour le compte de l'Administration de la guerre et placé au haras dépendant de l'école de cavalerie de Saumur. Il fut réformé en 1839 et fut abattu en 1840. Lutzen gagna un prix de 100 souverains à l'âge de 2 ans, mais l'année suivante il n'eut aucun succès.

C'était un cheval régulier, d'une gracieuse conformation et net de tares, mais sa construction répondait plus à l'idée d'un cheval élégant, qu'à celle d'un père. Il manquait de lignes et d'articulations, et s'est montré très-médiocre reproducteur. Lutzen a laissé 13 produits de pur sang avec les juments du haras de Saumur, mais on ne voit rien de saillant issu de sa descendance.

Mameluke.

Bai, né chez lord Jersey en 1824, par Partisan et Miss-Sophia, par Stamford, importé en 1837.

Ce cheval fut acheté en Angleterre par M. le baron de Coët-di-Huël, de M. Théobald, propriétaire du haras de Scotwell et fut d'abord placé au haras du Pin, de 1837 à 1842, et au dépôt d'Aurillac, de 1842 à 1847 époque de sa mort.

Les performances de Mameluke sont fort belles ; à 3 ans il gagna le Derby, battant 22 chevaux. Il fut alors vendu 100,000 fr. Il fut favori pour le Saint-Léger, mais il n'arriva que le deuxième, battant plusieurs bons chevaux. A 4 ans il gagna les Oatlands à New-Market ; à 5 ans il gagna un Match contre Rough-Robin et arriva deuxième pour la coupe d'Ascot, battant Cadland, Colonel, Lampligter. La même année il arriva deuxième pour la coupe de Goodwood et gagna deux prix à l'automne. Ce cheval était très-élégant, et très-distingué, mais il était un peu mince dans son arrière-main, et on prétend qu'il donnait à ses poulains plus de vitesse que de fond. Cependant, c'était un précieux étalon qui n'a pas été employé selon son mérite. Il a laissé 45 poulains, parmi lesquels on cite : *Horace, Chactas, Almée, Clovis, Rosine, Mustapha, Euphémisme, Rosas, Quadrilatère*, etc.

Napoléon.

Bai, né chez M. Blake en 1824, par Bob-Booty, et Pope-Mare, par Waxy-Pope. Ce cheval était né en Irlande. Il fut acheté par M. Henri Lacase en 1834, et placé d'abord au dépôt de Paris, puis, la même année, au haras du Pin. En 1835 il fut envoyé au haras de Pompadour, en 1836 il retourna au haras du Pin, puis encore au haras de Pompadour en 1837. Enfin, il fut placé au dépôt d'étalons d'Angers, où il mourut en 1853.

Napoléon a d'excellentes performances et il est peu de chevaux qui aient couru aussi longtemps que lui ; à 2 ans il gagna deux prix, à 3 ans huit prix, à 4 ans neuf, à 6 ans cinq, à 7 ans un, et à 9 un : total 30 prix, dont plusieurs coupes, battant de très-bons chevaux et souvent un champ nombreux.

Depuis l'âge de 7 ans Napoléon faisait la monte en Angleterre, quoique maintenu en entraînement. C'est un des meilleurs chevaux de pur sang qui soient venus en France et un de ceux qui y ont le mieux produit : sa conformation était forte et brillante, sa tête superbe et sa prestance annonçait l'étalon et le bon cheval. Ses membres étaient forts et musclés, mais ne réunissaient pas toute la netteté possible, et il a donné quelquefois à ses produits des jardons ou des éparvins, surtout vers la fin de sa vie, comme il arrive toujours aux chevaux affectés de quelques défectuosités. Quoi qu'il en soit, le souvenir de ce cheval vivra longtemps parmi les éleveurs français en raison des belles familles dont il est l'auteur.

Napoléon a laissé 129 produits de pur sang parmi lesquels on remarque : *Aménaïde*, mère de *Balthazar*, *Belle-Poule*, *Eylau*, *Gentil-Bernard*, *Error*, *Roi-de-Rome*, *Marengo*, *Friedland*, *Alexandra*, *Insulaire*, *Kohel*, *Élisa*, *Reichstadt*, *Charlemagne*, *Tobie*, *Aïcha*, *Suavita*, *Wagram*, *Casse-cou*, *Bonaparte*, *Dividende*.

Cadland.

Bai brun, né en 1825 chez M. le duc de Rutland, par Andrew et Sorcery, par Sorcerer. Importé en 1834, mort en 1837.

Ce cheval fut acheté en Angleterre par M. H. Lacase ; il fut placé d'abord au dépôt de Paris, puis au haras de Pompadour en 1834 ; il revint à Paris en 1835 jusqu'en 1837, époque de sa mort.

Nous avons déjà parlé de cet étalon dans la première partie (page 77). Il s'était fait une bonne réputation en Angleterre par ses succès de course, principalement comme vainqueur du Derby, où il battit Colonel. Bien que sa conformation ne fût pas aussi régulière qu'on pourrait le désirer, il se faisait cependant remarquer par de très-belles parties et un grand caractère d'étalon.

Cadland avait peu fait la monte en Angleterre, cependant il avait donné quelques produits qui doivent lui assurer à jamais une excellente réputation. Nous citerons entre autres Prime-Warden, reproducteur d'un mérite distingué. Cadland a donné en France un grand nombre de produits, mais qui, en général, ont eu peu de succès. Il est vrai qu'il n'a été employé à peu près qu'à Paris, où, comme l'on sait, les meilleurs étalons n'ont presque jamais rien produit de bon. On cite de lui, parmi les plus remarquables : *Nautilus*, père de Franc-Picard, *Essler*, mère de Moustique et de Pied-de-Chêne, *Britannia, Romulus, Dudu, Francesca* et *Roquencourt*.

Harlequin.

Alezan, né chez M. Garforth en 1825 ; par Cervantes et Flora, par Camillus. Importé en 1831, mort en 1846.

Ce cheval fut acheté en Angleterre par M. Strubberg ; il fut placé au haras de Pompadour de 1831 à 1843, et au haras du Pin de 1844 à 1846, époque de sa mort.

Harlequin a de très-belles performances ; il a couru dix-huit fois et est arrivé premier onze fois et quatre fois second. Ce cheval était d'une belle conformation et d'une force remarquable dans ses hanches ; ses membres étaient parfaitement dessinés et sa tête d'un beau caractère ; son seul défaut était le peu de profondeur de sa poitrine.

Il a laissé en France une très-nombreuse postérité, parmi laquelle on distingue de bons étalons et de belles poulinières. Nous citerons parmi les étalons : *Lucullus, Sterne, Lancastre, Jean-Bart* et *Jocko*. Ce dernier cheval était un modèle accompli, et doit certainement être cité parmi les chevaux de pur sang les plus remarquables qu'ait vus naître le Limousin. Parmi les femelles, on remarque *Fraga*, mère de Prince-Colibri; *Loïsa, Dame-Blanche, Miriam, Lady Macbeth,* etc.

Les produits de ce cheval se faisaient remarquer par un bel ensemble, beaucoup de force et de gros, mais on leur reprochait peu de vitesse et de fond; aussi ont-ils mieux réussi dans le croisement que dans la reproduction du cheval de course.

Terror.

Bai brun, né chez M. Houlsworth en 1825; par Magistrate et Torelli, par Cerberus. Importé en 1835, mort en 1850.

Ce cheval fut acheté en Angleterre par M. le baron de Biel, propriétaire d'un haras dans le duché de Mecklembourg; puis revendu en 1835 à M. Mauny de Mornay pour son haras situé dans le département de la Côte-d'Or. Celui-ci le céda en 1836 à l'Administration des Haras; il fut d'abord placé à Pompadour, puis à Paris en 1837, et à Libourne en 1846 jusqu'à sa réforme, en 1850.

Peu de chevaux ont d'aussi belles performances que Terror. Il a couru pendant six ans, et sur quarante-deux courses dans lesquelles il a figuré, il a été vingt-trois fois premier et neuf fois second, battant souvent des champs nombreux et composés de bons chevaux, tels que Halston, Poor-Fellow et autres.

La conformation de Terror était remarquable au point de vue de la forme, de l'harmonie et de la distinction. Sa tête était légère et expressive, son épaule longue et bien inclinée, quoique le garrot fût un peu rond; ses membres étaient forts et parfaitement dessinés, quoique les paturons manquassent un peu de soutien; il avait une grande puissance dans l'attache des reins et une magnifique poitrine. C'était en somme un excellent reproducteur, dont malheureusement, comme de beaucoup d'autres, on n'a pas su tirer parti, soit qu'il ait été mal placé, soit que ses produits aient été mal soignés; car dans sa nombreuse descendance on ne distingue que quelques chevaux d'un mérite réel. On peut citer, en étalons : *Laocoon*, *Baibrun*, *Gogo*, *Good-for-Nothing* et *Oreste*, bons chevaux de croisement ; et, en poulinières : *Danaé*, *Doris*, mère de Boléro, de Loïsa et d'Elfride; *Rachel*, mère d'Agar ; *Minuit*, *Selima*, *Babiole*, *Gavotte*, etc.

Y.-Emilius.

Bai, né chez lord Jersey, en 1828, par Emilius et Cobweb. Importé en 1834, mort en 1852.

Ce cheval fut acheté en Angleterre par M. Ernest Leroy ; il fut placé au haras du Pin, puis à Saint-Lo en 1836 ; il retourna ensuite au Pin en 1837, fut envoyé à Paris en 1845 et termina sa carrière dans le Midi.

Y.-Emilius n'avait pas couru en Angleterre ; regardé comme trop gros et trop fort pour l'entraînement, il ne parut pas sur le turf et fut vendu pour la France sans avoir fait la monte. Sa naissance était parfaite : son père, vainqueur du Derby en 1823, était, comme on le sait, un des meilleurs chevaux que l'Angleterre ait produit, et sa mère, Cobweb, avait remporté les Oaks en 1825. Sa conformation était remarquable comme force et ensemble ; il avait une très-jolie tête et un beau dessus, le rein court et large, de belles et fortes hanches, des cuisses larges bien descendues, de très-forts membres et d'excellents aplombs. C'était un de ces types qu'il est impossible d'oublier quand on les a vus. Son fils Boléro, élevé au haras du Pin, le rappelle beaucoup. Au premier abord, Y.-Emilius aurait pu passer pour un cheval commun, à cause de son gros, de son ensemble, mais, en action, on reconnaissait en lui le cheval de sang dans toute sa perfection. Il avait la respiration un peu gênée, ce qui l'a fait suspecter de cornage, mais cette légère affection ne s'est montrée chez aucun de ses produits. Y.-Emilius est un des chevaux qui se sont le plus et le mieux reproduits en France, son début ne fut cependant pas brillant. Rejeté d'abord par les éleveurs de pur sang, il ne fut employé qu'avec les juments du Pin, ce fut ce qui le sauva et commença son éclatante réputation comme étalon. Il quitta malheureusement la Normandie trop tôt encore, car c'est là qu'il s'est le mieux reproduit, et fut perdre dans le Midi les dernières années de sa vie. Y.-Emilius donnait à ses produits un bel ensemble, une remarquable force de rein, de bons et forts membres, une tête charmante, mais il leur donnait surtout un excellent tempérament, une grande douceur de caractère et beaucoup de fond et de tenue. On cite parmi ses nombreux produits, comme étalons : *Renonee, Bravo, Eremos, Béranger, Débardeur, Quintessence, Boléro, Ismaël, Électrique, Fitz-Emilius*, etc.; et comme poulinières : *Bathilde*, mère de Mica et de Capucine; *Belle-de-Nuit*, mère de Ventre-Saint-Gris; *Emilia*, mère de Saint-Aignan; *Suzette, Lady-Henriette, Rosabelle*, mère de Biribi. *Marina, Duplicata*, etc. Cependant, il est triste de penser que sur soixante-treize poulinières qu'a produites cet étalon, quelques-unes seulement ont été livrées à la reproduction, et que la plupart même ont été vendues des prix dérisoires, tandis qu'on allait en Angleterre acheter à grands frais des juments qui ne les valaient pas, et, dans tous les cas, auxquelles manquait l'acclimatation, si nécessaire dans toute production. Il semble qu'un esprit de vertige s'est emparé de la question chevaline et que l'on s'écarte à plaisir de la voie toute tracée qui mène à l'amélioration.

Comme tous les bons chevaux, Y.-Emilius a parfaitement réussi dans le croisement, et plusieurs de ses produits de de demi-sang se sont fait une réputation par leur mérite, soit dans les courses au trot, soit dans les steeple-chases, entre autres *Young-Emilius*, à M. Talon, dont on se rappelle les nombreuses victoires.

Paradox.

Bai, né chez le duc de Grafton en 1827, par Merlin et

Pawn, sœur de Pénélope, par Trumpator. Importé en 1834, mort en 1846.

Paradox fut acheté en Angleterre par M. Ernest Leroy et placé d'abord au dépôt de Paris de 1834 à 1837, puis au Pin en 1838, à Langonnet jusqu'en 1841, où il passa à Lamballe jusqu'en 1844, époque de sa mort.

Ce cheval, après avoir couru avec succès en Angleterre en 1830, fut engagé dans plusieurs paris sur le continent, et courut en France, en Italie, en Hongrie et en Belgique ; il se fit partout une grande réputation par son fond et sa vitesse. On peut dire qu'il a fait le tour de l'Europe au milieu des victoires. Outre les cinq prix qu'il gagna en Angleterre, il remporta le Grand prix Ducal à Florence. Il partit de là pour la Hongrie, où il lutta avec le plus grand succès contre les meilleurs chevaux des haras de ce pays. Il revint à Barcelone, où il gagna le vase d'or. Enfin, en 1833, il courut au Champ-de-Mars, à Paris, contre plusieurs bons chevaux et les battit facilement en 4 minutes 50 secondes (4 kilomètres) ; c'est une des plus grandes vitesses connues jusqu'à ce jour. Paradox était un étalon d'une beauté parfaite et d'une distinction rare. Rien n'égalait la souplesse de ses allures et la belle expression de sa physionomie ; on lui reprochait seulement d'être un peu enlevé et léger de membres. Ce cheval, malgré ses succès et sa belle conformation, n'a pas réussi comme on s'y attendait ; cependant, quand il a rencontré des poulinières dans de bonnes conditions, il s'est bien reproduit. On cite de lui, comme étalons : *Imbroglio*, *Sophiste*, *Well-Done* et *Punch*, très-bons étalons de croisement ; *Althéa*, belle poulinière du haras de Pompadour dont malheureusement la descendance est perdue ; *Flicca*, *Silhouette*, *Pompeïa* et plusieurs autres.

Il a donné en Bretagne quelques chevaux de demi-sang d'un rare mérite, entre autres *Miss-Flora*, qui s'est fait dans le temps une haute réputation par les courses nombreuses dans lesquelles elle battait de très-bons chevaux, soit au trot, soit au galop, soit dans les courses d'obstacles.

Windcliffe.

Bai brun, né chez lord Scarborough, en 1827, par Waverley et Catton-Mare. Importé en 1836, vendu en 1852.

Ce cheval, acheté en Angleterre par M. de Coët-di-Huël, fut placé d'abord au haras du Pin, où il resta pendant les années 1836 à 37, à Tarbes en 1841, à Pau en 1846 jusqu'en 1852, époque de sa réforme.

Windcliffe a d'assez bonnes performances : en 1830, il gagna une poule importante à York, battant un champ nombreux et bien composé : à Doncaster, deux prix. En 1831, il arriva deuxième à Preston, puis il gagna une autre fois à York ; il reçut forfait pour un King's Plate ; enfin, à Doncaster, il gagna un King's Plate, battant Jocko, bon cheval de fond, plus un autre prix, en tout sept victoires bien disputées.

La conformation de Windcliffe était assez bonne ; il joignait à la distinction beaucoup de puissance musculaire ; ses hanches étaient longues et puissantes et son rein magnifique ; on lui reprochait des membres légers et des éparvins saillants et mal placés, qu'il a souvent donnés à ses produits. Ce cheval ne fut employé en Normandie qu'au croisement ; on ne peut donc apprécier son mérite comme reproducteur de pur sang. Comme cheval de croisement, il était un peu petit pour la Normandie ; il fut envoyé dans le Midi, où il n'a donné que des produits insignifiants ; on ne voit pas qu'il ait laissé un étalon ni une poulinière. Un de ses fils, du même nom, demi-sang, a eu de grands succès dans les courses au trot.

Crispin.

Bai, né chez M. Reidsdale en 1828, par Lottery et Océanie, par Cerberus. Importé en 1837, castré en 1839.

Ce cheval, appelé primitivement Caspian, fut acheté en Angleterre par M. Ernest Leroy, puis placé au dépôt de Libourne, où il resta jusqu'à l'époque de sa réforme, en 1849.

Crispin eut quelques courses brillantes en Angleterre, mais il est inutile de s'y arrêter; car, outre sa conformation fort médiocre, il n'a pas brillé dans sa descendance. Il n'a eu que neuf produits de pur sang qui n'ont marqué ni comme coureurs ni comme reproducteurs, à l'exception de *Maquelina*, à M. de Lasalle, qui a eu des succès dans les courses du Midi. Crispin s'est mieux reproduit dans le demi-sang, bien qu'on ait remarqué que presque tous ses poulains avaient des seimes comme leur père.

Hœmus.

Bai, né chez lord Exeter en 1828, par Sultan et Bess, par Waxy. Importé en 1834, mort en 1843.

Ce cheval, acheté en Irlande par M. Henri Lacase, fut d'abord envoyé au haras de Rosières en 1834, puis au haras du Pin et à Saint-Lo, enfin à Libourne en 1842, où il mourut en 1843.

Les performances d'Hœmus ne sont pas très-brillantes, bien qu'il ait gagné trois prix à trois ans ; il a été souvent vaincu et n'a pas fait preuve de vitesse, ce qui n'est pas étonnant, vu sa conformation. Ce cheval, quoique de très-bonne origine, était disgracieux dans son ensemble, un peu mou dans ses reins, remonté dans sa poitrine, très-mauvais dans ses aplombs antérieurs. Il avait surtout un mouvement de l'avant-bras sur le bras, qui se retrouvait souvent dans le sang de Sultan et qui était du plus mauvais effet ; aussi s'est-il généralement mal reproduit. On ne cite de lui aucun étalon passable. Parmi les femelles, on cite *La Mecque*, *Lady-Maria*, *Hœma*, par Delphine, et surtout *Georgette*, par Lustre, qui se sont montrées excellentes poulinières. Georgette est mère de Miss-Cath et de Géologie.

Picpocket.

Bai, né chez M. Batson en 1828, par Saint-Patrick et Hedley-mare. Importé en 1836, mort en 1850.

Ce cheval, acheté en Angleterre par M. de Coët-di-Huël, fut placé d'abord au haras du Pin en **1841**, à Braisnes en **1847** jusqu'à sa mort, en **1850**.

Picpocket a obtenu de beaux succès de courses. En 1831, il gagna un prix de souscription, battant Birmingham, vainqueur du Saint-Léger, Her-Highness et quatre autres. Le même jour, il reçut forfait pour une poule de 50 souverains. Le jour suivant, il gagna un pari de 50 guinées, battant Traveller. En 1832, Picpocket gagna une Plate à Liverpool et le Gold-Cup à Newton et à Holywell, et un autre prix le jour suivant. En 1833, il gagna à Chester une coupe d'une grande valeur, battant un champ nombreux et bien composé; le lendemain, il gagna la coupe de 100 souverains; il reçut forfait de Liverpool, à Holywell, et gagna le Gold-Cup; enfin il gagna plusieurs autres prix moins importants.

Picpocket était un cheval bien établi en père, d'une forte charpente, ayant de belles épaules, une profonde poitrine, un rein magnifique, de superbes hanches, de bons et forts membres. On lui reprochait une tête longue et sans caractère; on trouvait aussi qu'il manquait de distinction dans tout son ensemble. C'était, en somme, un bel et précieux étalon, qui pourtant n'a pas laissé comme reproducteur une brillante réputation. Peu de ses produits se sont distingués dans les courses; ils étaient généralement lourds dans leurs allures, toutefois ils étaient doués d'un excellent tempérament, et si on avait mis plus de soin à recueillir ses pouliches et à en tirer race, on y aurait peut-être découvert une mine de riches qualités; mais la plupart ont été consacrées au service et les autres placées dans des contrées réfractaires à l'élevage ou mal accouplées. Il ne reste donc presque plus rien maintenant de la descendance directe de ce remarquable cheval. On cite de lui quelques bons étalons de croisement; parmi eux: *Pourceaugnac, Pain-d'Épice, White-Face, W.-Amato, Pirate, Falstaff, Rob-Roy.* — Parmi les pouliches qui ont paru sur le turf, on cite *Dansomanie, Ginevra, Doloride,* etc.

Tetotum.

Bai brun, né chez M. Clifton en 1828, par Lottery et Smolensko-Mare. Importé en 1834, castré et vendu en 1850.

Ce cheval, acheté en Angleterre par M. Henri Lacase, fut d'abord placé au dépôt de Libourne en 1834, puis au haras du Pin en 1835 et 36; il retourna à Libourne en 1837 et en sortit en 1842 pour aller terminer sa carrière au haras du Pin.

Tetotum a des performances médiocres : il n'est arrivé que trois fois premier sur dix-sept courses; cependant il a souvent battu de bons chevaux en se plaçant second ou troisième dans les quatorze courses où il a été battu. On ne peut pas dire qu'il était sans moyens, mais il est certain qu'il avait peu de vitesse. Tetotum était d'un joli modèle, quoiqu'un peu plat, médiocre dans ses aplombs antérieurs et sans beaucoup de caractère d'étalon. Il ne s'est pas fait un grand renom par ses produits, si l'on en excepte la jument *Tontine*, qui, comme on le sait, a donné lieu à de si nombreuses contestations. On cite parmi ses produits, qui se sont bien montrés dans les courses du midi : *Girondin*, *Alice*, *Lolotte* et *Marinette*. Parmi les étalons, on ne cite que *Karl*, cheval renommé pour sa férocité, qui fut envoyé à l'école du haras du Pin en 1848.

Il s'est passablement reproduit en demi-sang dans le Midi.

Copper-Captain.

Alezan, né chez lord Worcester en 1829, par Bobadil et Cervantes-Mare. Importé en 1835, mort en 1852.

Ce cheval, acheté en Angleterre par M. Ernest Leroy, fut placé au dépôt d'Aurillac en 1835, au dépôt de Saint-Maixent de 1836 à 1846, à Napoléon-Vendée de 1846 à 1852, époque de sa mort.

En 1832, à New-Market, Copper-Captain gagna 400 souverains et 100 à Ascot. En 1833, à Ascot, il gagna une Plate de 50 souverains, et à Egham il remporta un Stakes de 25 souverains. La même année, il arriva second à Epsom dans le Craven-Meeting, battant Malibran et Vestris.

Copper-Captain ne fut pas apprécié à Aurillac, on le trouvait enlevé et commun. Cependant sa conformation n'était pas mauvaise; il avait de la force, de l'ensemble et de belles hanches, mais ses aplombs antérieurs étaient très-défectueux, et il les donnait généralement à ses produits. Toutefois, comme étalon de croisement, il donnait aussi beaucoup de qualités; c'est ce qui l'a fait conserver si longtemps, comme père, malgré ses défauts. Copper-Captain a laissé six produits de pur sang, tous du dernier médiocre; on ne cite guère que *Frohsdorff*, qui a fait un cheval de course de troisième ordre.

Fang.

Bai, né chez lord Sligo en 1829, par Langar et Steam, par Waxy-Pope. Importé en 1834, réformé en 1850.

Ce cheval, acheté en Angleterre par M. Ernest Leroy, fut envoyé au dépôt d'Aurillac en 1834, et à Blois en 1841, où il resta jusqu'à sa réforme, opérée en 1850.

Ce cheval a paru sans succès dans plusieurs courses de peu d'importance, où il est arrivé quelquefois deuxième et troisième.

Fang était un joli étalon, plein de sang et d'énergie; ses membres étaient un peu légers, mais nets et dans une belle direction. Il est probable que s'il eût été mieux employé, on eût pu tirer parti de lui pour la reproduction du pur sang. Il n'a eu en tout que quatre poulains, dont un étalon médiocre appelé *Escobar*.

Il a laissé de jolis chevaux de service de demi-sang dans la circonscription de Blois.

Minster.

Bai, né chez lord Mountcharles en 1829, par Catton et Orville-Mare. Importé en 1835, mort en 1855.

Ce cheval fut acheté en Angleterre par M. Palmer, qui le

revendit à M Ernest Leroy pour les Haras. Il fut d'abord placé au dépôt de Braisnes en 1835, puis au dépôt de Saint-Lo en 1836 et 1837 ; au dépôt d'Abbeville en 1838, au dépôt de Tarbes en 1845 jusqu'en 1855, époque de sa mort.

Minster a de bonnes performances, sans avoir remporté de prix importants ; il est cependant arrivé une fois premier et trois fois second en battant de bons chevaux.

C'était un joli étalon d'un bon sang et ne manquant pas de lignes ; mais il était un peu plat, serré dans sa poitrine et ses genoux étaient minces et un peu rentrés.

Ce cheval a laissé huit produits de pur sang qui n'ont obtenu aucune réputation. Cependant, trois de ses filles, *Mea*, *Cattano* et *Aimée*, se sont montrées bonnes poulinières.

Novelist.

Bai, né chez lord Grosvenor en 1829, par Waverley et Aigrette, par Rubens. Importé en 1835, réformé en 1848.

Ce cheval, acheté en Angleterre par M. Ernest Leroy, fut placé au dépôt de Saint-Lo en 1835 et 1836, à Tarbes en 1837, à Pau en 1842, où il a été réformé en 1848.

Novelist était un vilain cheval ; il n'avait pour lui qu'une jolie tête et l'expression de son regard, qui répondait à la férocité de son caractère. C'était un reproducteur très-médiocre ; il a cependant été donné à quelques juments de pur sang et a laissé des produits énergiques comme lui, qui ont passablement couru, mais sans mérites ultérieurs. De pareils chevaux ne devraient jamais être consacrés à la reproduction.

Physician.

Bai, né chez M. Wat en 1829, par Brutandorf et Primette, par Prime-Minister. Importé en 1842, mort en 1846.

Ce cheval fut acheté en Angleterre par M. de Coët-di-Huël et placé au dépôt de Paris, où il resta jusqu'à sa mort, en 1846.

Physician avait de magnifiques performances : à trois ans, il gagna un prix en battant plusieurs des meilleurs chevaux d'Angleterre, tels que Birdcatcher, Fang, Liverpool, etc.; à quatre ans, il gagna quatre grands prix, dont la Coupe d'Or de Manchester, et arriva une fois second, battant dans ces diverses courses Birdcatcher, Speculator, Birmingham, Émancipation, Colwich, etc.; à cinq ans, il gagna quatre courses sur six et arriva une fois second avec Inheritor, appartenant au même propriétaire.

Physician était un étalon de premier ordre et un des meilleurs reproducteurs qu'ait vus la France (voir la première partie, p. 103). C'était un cheval près de terre, profond dans sa poitrine, long dans ses hanches et dans ses épaules, doué d'excellents membres et d'une tête magnifique. Il est fort regrettable que ce cheval n'ait pas été envoyé au haras du Pin, qui possédait alors une des plus belles jumenteries de l'Europe; on eût pu au moins conserver quelque trace de ce précieux étalon, tandis que sur les cinquante-six produits qui lui sont attribués, un bien petit nombre ont dépassé la médiocrité. Cependant on cite parmi les vainqueurs de l'époque : *Aden*, *Capri*, *Comète*, *Dulcamara*, *Aphra*, *Rosa-la-Rose*, *Experience* et surtout *Premier-Août*, cheval remarquable, né chez M. Calenge, dans les prairies d'Écoville.

Les pouliches provenant de Physician n'ont pas été pour la plupart livrées à la reproduction; quelques-unes seulement, parmi lesquelles on compte *Mariquita*, sont devenues poulinières, de sorte que ce précieux sang est à peu près perdu. Physician est mort au dépôt du bois de Boulogne des suites d'un coup de pied qui lui avait fracturé l'avant-bras.

Ægyptus.

Bai, né chez le duc de Grafton en 1830, par Centaur et Pastille, par Rubens. Importé en 1834, réformé en 1850.

Ce cheval, acheté en Angleterre par M. Ernest Leroy, fut

envoyé d'abord au haras du Pin de 1835 à 1836 ; il passa au haras de Pompadour en 1837, puis à Strasbourg, en 1840, puis à Rosières, en 1844 ; il partit de là pour Jussey, où il resta jusqu'à sa réforme.

Sans avoir eu des courses brillantes, Ægyptus s'est conduit bravement sur le turf ; il gagna un Stakes de 100 livres à New-Market, battant plusieurs bons chevaux, entre autres Kate, après un *dead heat*. Plus tard, il battit Chantilly et Bravo.

Ægyptus était un cheval d'une bonne origine et bâti en père, quoique d'une constitution assez légère.

Ægyptus a donné vingt-quatre poulains de pur sang, parmi lesquels deux étalons de croisement assez bons. Quant à ses pouliches, on n'en cite qu'une seule devenue poulinière, *Danaïde*, jument assez médiocre. Ce cheval s'est reproduit surtout dans le demi-sang ; il a donné de bons chevaux de service.

Anglesea.

Alezan, né chez le duc de Grafton en 1830, par Sultan et Mona. Importé en 1837, réformé en 1846.

Ce cheval fut acheté en Angleterre pour le compte de M. le prince de la Moskowa ; il entra au dépôt d'Aurillac en 1837, au dépôt de Langonnet de 1838 à 1841. Ce fut là seulement qu'il fut donné à des juments de pur sang.

Anglesea était d'une bonne origine ; il avait montré du fond comme cheval de course et comme cheval de chasse. Il avait de très-belles parties, mais manquait d'ensemble et de compacité, sa tête rappelait la conformation de certains chevaux barbes, les ganaches très-fortes et le bout du nez mince ; ses jarrets étaient un peu droits, ses canons un peu légers, mais courts ; il harpait fortement. En somme, c'était un reproducteur médiocre qui n'avait pas assez d'ensemble et de gros pour le croisement et qui n'était pas d'un type assez élevé pour continuer avec avantage la race pure. Il faut dire aussi qu'il n'a été employé qu'avec des juments médiocres et dans des conditions peu favorables. Il a eu cinq produits de pur sang ; l'un d'eux est devenu un étalon de troisième ordre.

Dangerous.

Alezan, né chez M. Sadler en 1830, par Tramp et Défiance. Importé en 1836, réformé en 1846.

Ce cheval fut acheté en Angleterre par M. de Coët-di-Huël ; il fut placé au haras du Pin en 1836, à Paris en 1837, et envoyé la même année à Langonnet, où il resta jusqu'en 1840 ; à Angers en 1841, à Strasbourg en 1844 jusqu'à sa réforme.

Dangerous, sans avoir beaucoup couru, avait de belles performances : il avait gagné le Derby en 1833 et avait reçu forfait la même année pour deux prix importants. Là s'étaient bornées ses courses, étant tombé *broke down* à l'entraînement.

Dangerous était d'une forte conformation ; il avait du gros dans les membres et du poids dans l'arrière-main. Comme plusieurs chevaux qui ont montré de la vitesse, il avait le garrot beaucoup plus bas que la croupe ; son épaule était courte et ronde, sa tête sans caractère, ses aplombs antérieurs étaient totalement faussés. En un mot, il offrait le spectacle de ces chevaux dits *à bout de sang*, qui peuvent encore se montrer vaillamment dans les épreuves, mais qui sont trop imparfaits pour se reproduire avec succès.

Dangerous a laissé un grand nombre de produits, au nombre de trente-six environ. Parmi les mâles on cite deux ou trois étalons de croisement assez passables ; parmi les juments, *Madame-Gibou* seule a montré des qualités sur le turf. Trois de ses filles, *Misère*, *Églantine* et *Circé*, se sont montrées assez bonnes poulinières.

Dangerous n'avait pas la respiration franche, toutefois il n'y avait pas cornage prononcé.

Alteruter.

Bai, né chez M. T. O. Powlet, en 1831, par Lottery ou Figaro et Orville-Mare. Importé en 1836, mort en 1846.

Ce cheval fut acheté en Angleterre par M. de Coët-di-Huëi, et fut placé au dépôt de Paris pendant les années 1836 et 1837, à Abbeville, en 1838, à Paris en 1841.

Alteruter a d'honorables performances : en 1833, il arriva second à Doncaster contre Cotillon, dans le Champagne-Stakes, battant un champ nombreux et bien composé ; en 1834, il fut troisième au Saint-Léger de Liverpool contre Général-Chassey et Touchstone ; second dans le Pontefract-Stakes, battant d'excellents chevaux dans les deux courses.

Alteruter avait de la distinction et de belles parties, mais il manquait d'ensemble, et n'avait pas cette charpente osseuse, ces muscles accentués et cette physionomie énergique qui distinguent l'étalon.

Ce cheval s'est médiocrement reproduit; parmi ses poulains au nombre de trente-deux, on remarque à peine deux ou trois bons chevaux. On peut citer : *Marengo, Tragédie, Lioubliou* et *Meudon*.

Inheritor.

Noir, né chez M. Cook, en 1831, par Lottery et Hand-Maiden, par Walton. Importé en 1848, mort en 1849.

Ce cheval avait fait la monte à Paris pour le compte de l'industrie particulière en 1847 et 1848, il était ensuite retourné en Angleterre. Acheté en 1847 par M. Perrot de Thannberg pour les Haras, il mourut d'accident en arrivant en France. Inheritor a de très-belles performances et a eu une belle descendance en Angleterre. Nous avons parlé, dans la 1re partie, de ce cheval qui peut être considéré comme un étalon de premier ordre (voir page 105).

Ce cheval a laissé en France quinze produits, qui, nés sans doute dans de mauvaises conditions, n'ont pas obtenu de grands succès. Quelques-unes de ses poulichès, *Bounty*, *Frugality*, *Quality* et *Indemnity*, ont bien paru sur le turf, mais *Fraternity* et *Morena* ont seules été livrées à la reproduction.

Little-Rower.

Bai, né chez M. Bruhl, en 1831, par Cydnus et Skim-Mare Importé en 1837, réformé en 1839.

Ce cheval fut acheté en Angleterre par M. le baron de Coëtdi-Huël, et placé au dépôt de Tarbes, en 1837. Little-Rower, sans avoir de grandes performances, a couru avec succès en 1835 et 1836, cette dernière année il gagna une course en cinq épreuves, à Epsom.

C'était un joli petit cheval, plein de distinction, fortement établi dans sa petite taille. Il avait le rein un peu bas. Il s'est bien reproduit dans les Pyrénées, comme étalon de croisement ; il a laissé cinq produits de pur sang, deux de ses filles sont devenues poulinières.

Ibrahim.

Bai, né chez lord Jersey, en 1832, par Sultan et Phantom-Mare. Importé en 1835, mort en 1849.

Ce cheval vint en France, en 1836, pour le compte de lord Seymour, et fit la monte à son haras près de Paris. Il retourna en Angleterre en 1837, et revint en France en 1838 pour le compte de l'administration des Haras. Il entra au haras du Pin en 1847, et fut envoyé à Braisne en 1848, où il resta jusqu'à sa mort.

Ibrahim était un joli cheval d'ensemble, mais un peu léger de partout et laissant à désirer dans son corps et dans ses jarrets. Il avait une bonne réputation en Angleterre ; il était mis, à l'époque de sa vente, au même rang que Royal-Oak, auquel il était cependant bien inférieur.

Ibrahim a laissé quarante-huit produits, parmi lesquels on distingue *Curé-de-Silly*, *Dash*, *Valentine*, *Coq-à-l'Ane*, *Lo-*

gomachie, Bengali, Vergogne, Princesse Désirée. Plusieurs de ses filles, telles qu'Annetta, mère de Celebrity, se sont fait remarquer par leurs qualités et leur descendance.

The-Juggler.

Bai. né en 1832, par Wamba et Pantechnetheca. Importé en 1837, mort en 1857.

Ce cheval, acheté en Angleterre par M. de Coët-di-Huël, fut placé au haras du Pin en 1837, à Braishé en 1839, au dépôt de Cluny en 1842, au Pin en 1844, où il resta jusqu'en 1857, époque de sa mort.

The-Juggler était un cheval d'une belle conformation, ayant des lignes et de très-belles parties ; ses membres étaient magnifiques et son ensemble irréprochable. Malheureusement, ses jarrets laissaient un peu à désirer comme netteté. The-Juggler s'est admirablement reproduit dans le demi-sang. Sa génération marquera une trace profonde dans les races normandes de tête. Outre les nombreux chevaux de service qu'il a fournis au commerce, on a conservé de lui une grande quantité de pouliches qui se sont montrées excellentes poulinières.

The-Juggler s'est peu reproduit dans le pur sang; il n'a eu que huit poulains de cette race, qui, bien que donnant de belles espérances par leur conformation, n'ont été employés ni comme étalons ni comme poulinières.

Gladiator.

Alezan brûlé, né chez M. Walker en 1833 par Partisan et Pauline. Importé en 1846, mort en 1857.

Ce cheval fut acheté en Angleterre par M. de Laplace ; il fut d'abord placé au dépôt de Paris, puis envoyé à Angers en 1851; il retourna ensuite à Paris, et fut enfin envoyé au haras du Pin en 1854, où il est mort en 1860.

Les performances de ce cheval se bornent à être arrivé second dans le Derby avec Bay Middleton, ainsi que nous l'avons dit dans la première partie (voir page 110).

Le sang de Gladiator était des plus aristocratiques. Son père, Partisan, appartenait aux meilleures familles, et son mérite, comme racer et comme reproducteur, égalait l'élégance de sa conformation. Le père de Pauline, Mosès, vainqueur du Derby, réunissait les sangs de Walebone et de Gohanna, et sa grand'mère, Quadrille, était par Sélim et une Alexander. La conformation de Gladiator était magnifique; ce qui dominait chez lui, c'était une suprême élégance et une distinction qui se lisait sur sa physionomie, sa finesse de peau et sa légèreté d'allures; on reconnaissait chez lui le sang oriental dans toute sa pureté. Quoique âgé déjà de plus de quinze ans à son arrivée en France, la liberté de ses épaules, le jeu de ses articulations, la souplesse de ses actions attiraient tous les regards. On a peine à comprendre comment le mérite d'un tel cheval a pu être mis en question un seul instant. Malheureusement, ce n'est pas le seul exemple que nous ayons de faux jugements en pareille matière, fruits du caprice ou de l'ignorance présomptueuse.

Gladiator peut être compté parmi les trois ou quatre chevaux supérieurs que la France a possédés. Malheureusement, ainsi qu'il arrive presque toujours, ce cheval a été très-longtemps à être apprécié à toute sa valeur; placé d'abord au dépôt de Paris, il y fut si peu goûté qu'il n'y resta que trois ans. Il commença à se faire connaître en Anjou; mais ce fut surtout pendant son séjour au Pin, quoiqu'il n'y soit arrivé que vieux et déformé, qu'il mit le sceau à sa réputation en produisant des chevaux excellents qui sont classés parmi les meilleurs du turf français. Gladiator a laissé un nombre considérable de produits, parmi lesquels on compte en étalons : *Exquisite, Coustranville, Aguila, Guignolet, Spartacus, Brocoli, Fitz-Away, Union Jack, Papillon, Achille, Tortillard, Espérance, Saint-Simon, Fitz-Gladiator, Hisber, Ventre-Saint-Gris* et *Amalfi*, ces deux derniers vainqueurs du Derby, et un grand nombre d'autres.

En juments : *Annette, Celebrity, Bucolique, Dame-de-Cœur, Illustration, Constance, Grenade, Palatine, Surprise,*

Mlle *de Chantilly*, *Honesty*, *Capucine*, et plusieurs autres qui, bien qu'ayant moins de réputation, sont recherchées néanmoins comme poulinières en raison de leur origine.

Master-Waggs.

Bai, né chez lord Fitz-William, en 1833, par Langar et Parthenessa. Importé en 1842.

Ce cheval fut acheté en Angleterre par M. Aumont; il fit longtemps la monte à son haras de Victot et à Paris. En 1848 il fut vendu à M. le prince Marc de Beauvau, qui l'employa quelque temps à son haras de Langé.

En 1836, Master-Waggs gagna un prix de 200 livres et partagea une poule de pareille somme avec Elis, par suite d'un *dead heat*. En 1837, il gagna plusieurs prix, et ne fut battu que par Redshanks, Héron et Chit-Chat, tous chevaux de premier ordre; en 1839, il gagna deux prix à Newmarket, et enfin, en 1840, il gagna le prix d'Orléans au Champ de Mars, à Paris.

Master-Waggs était un bel étalon, régulier dans sa conformation, mais ayant des lignes un peu courtes; sa tête avait un beau caractère et ses membres étaient irréprochables. Ce cheval est un des étalons qui se sont le mieux reproduits en France; il est vrai qu'il a eu le bonheur d'être bien placé et d'être accouplé dans de bonnes conditions à d'excellentes juments. Combien d'autres chevaux perdus pour la reproduction se seraient fait autant de réputation que lui avec des juments telles que Clorinde, Destiny, Poetess, etc., dans les féconds herbages de la Normandie! On ne peut cesser de le répéter, le meilleur cheval placé dans de mauvaises conditions ne fera pas un bon poulain, tandis qu'un cheval ordinaire bien accouplé avec des poulinières placées dans des contrées favorables obtiendra de bons résultats.

Master-Waggs était malheureusement aveugle par suite de la fluxion périodique, mais il ne paraît pas que cette affection se soit transmise à aucun de ses descendants.

Ce cheval a donné un grand nombre d'excellents produits, parmi lesquels il suffit de citer *Le-Chourineur*, *Nat*, *Djalma*, *Nancy*, *Miss-Waggs*, *Sans-Gêne*, *Victot*, *Caen*, *Fontaine*, mais surtout *La-Clôture*, *Prédestinée* et *Hervine*, qui feront éternellement la gloire de cet excellent reproducteur.

Mendicant.

Bai, né chez M. Ellis, par Tramp et Lunacy. Importé en 1840, mort en 1841.

Ce cheval, acheté par M. de Coët-di-Huël, fit la monte au dépôt de Tarbes en 1840.

Mendicant avait de belles performances ; c'était, en outre, un joli cheval, joignant la force à la distinction. Sa mort prématurée a été une perte pour la reproduction ; il n'a eu qu'*un* produit de pur sang, *Beggar-Girl*, qui s'est montrée bonne poulinière.

Royal-Georges.

Bai brun, né chez le duc de Grafton, en 1823, par Royal-Oak et Destiny. Importé en 1837, mort en 1845.

Ce cheval fut acheté en Angleterre par M. Eugène Aumont ; il fit la monte en Normandie jusqu'en 1840, époque à laquelle il fut acheté par l'administration de la guerre et placé au dépôt des remontes de Guingamp ; il fut concédé aux haras en 1850.

Royal-Georges avait d'assez médiocres performances ; quoiqu'il ait été sept fois vainqueur sur quatorze courses, il n'a eu de succès que dans des courses inférieures ou en courant seul.

La conformation de ce cheval était élégante et assez régulière, son encolure était gracieuse, sa tête charmante, mais il manquait de substance ; il n'avait pas assez de l'étalon dans toute sa personne ; de plus, il était affecté d'un jardon gauche, très-prononcé, qu'il a donné à beaucoup de ses produits.

Royal-Georges s'est passablement reproduit en demi-sang.

mai sa descendance en pur sang n'a pas jeté grand éclat ; sur quinze produits de cette race qu'on a de lui ; on ne cite guère que *Prospero* qui se soit montré bon cheval. On ne voit pas qu'aucune de ses pouliches ait été livrée à la reproduction.

Skirmisher.

Bai, né chez M. Gardnor en 1833, par The-Colonel et Luna. Importé en 1837, réformé en 1853.

Ce cheval, acheté en Angleterre par M. de Coët-di-Huël, fut placé au dépôt d'Aurillac en 1837, au dépôt de Tarbes en 1838, où il est resté jusqu'à sa réforme, en 1853.

Les performances de ce cheval ne sont pas mauvaises; il est arrivé quatre fois premier et quatre fois second sur treize courses, battant plusieurs bons chevaux. Skirmisher était d'une conformation régulière et distinguée, ses lignes étaient belles et accentuées et ses membres irréprochables. Il s'est parfaitement reproduit dans le demi-sang, et a laissé plusieurs poulains de pur sang qui ont eu des succès dans le midi de la France. Les principaux sont *Samedi*, *Don-Juan* et *Négrier*. Il était devenu fluxionnaire sur la fin de sa vie.

Tipple-Cider.

Alezan, né chez M. Fox en 1833, par Defence et Deposit. Importé en 1846, mort en 1861.

Ce cheval, acheté en Angleterre par M. de Laplace, fut placé au haras du Pin, où il est resté jusqu'à sa mort.

Tipple-Cider n'a pas eu de réputation comme coureur, mais il a été longtemps cheval de chasse renommé. Sa douceur, son liant, son énergie et son tempérament à toute épreuve lui avaient acquis une haute réputation. La conformation de Tipple-Cider était magnifique et d'un grand genre; il brillait surtout par sa superbe encolure, sa vaste et profonde poitrine, ses fortes hanches et ses excellents jarrets. On pouvait lui reprocher une tête un peu busquée, des reins un peu bas et des membres légers ; mais il rachetait ces défauts par tant de belles parties et tant d'action, qu'on doit le considérer comme un reproducteur de premier ordre pour le croisement. Les nombreux produits de demi-sang de ce cheval ont tous un cachet qui les fait reconnaître à première vue, et on peut dire qu'il aura fait souche en Normandie. Tipple-Cider s'est également bien reproduit dans le pur sang : il est père de *Lully*, magnifique étalon de croisement ; de *Tippler*, de *Fénelon*, d'*Ouverture*, de *Ne-m'oubliez-pas* et de plusieurs autres bons chevaux ; il est même à regretter que l'on n'ait pas employé davantage ce précieux étalon, qui donnait beaucoup de gros et d'énergie à ses produits. Il est à remarquer que ses descendants ont tous une grande propension à sauter, comme tous les chevaux carrés et bien organisés ; plusieurs d'entre eux ont brillé dans les steeple-chases. On sait d'ailleurs qu'en Angleterre il avait produit *Rail-Way*, un des plus fameux chevaux de steeple-chase qui aient paru dans ces derniers temps.

Caravan.

Bai, né chez lord Grosvenor en 1834, par Camel et Wings. Importé en 1842.

Ce cheval fut acheté en Angleterre pour le compte de l'administration de la guerre et placé à Saumur, où il est resté pendant près de dix ans. Acheté par les haras en 1852, il fut placé au dépôt de Paris, puis à celui d'Angers, en 1855, où il est resté jusqu'à sa mort, en 1860.

Caravan a de très-belles performances : sur trente-sept engagements, il gagna dix-huit fois, fut quatre fois second et reçut deux forfaits. Pendant sa longue carrière de courses, il remporta des prix considérables en battant d'excellents chevaux. Il peut être cité parmi les chevaux dont les épreuves ont prouvé l'organisation la plus puissante et le meilleur tempérament. Ce cheval était d'une belle et forte conformation ; ses membres étaient excellents, quoiqu'on pût lui reprocher des éparvins, qu'il a souvent donnés à ses produits. Son encolure était peu gracieuse, sa tête était forte et mal attachée mais malgré ces imperfections, Caravan n'en est pas moins un reproducteur du plus grand mérite et dont le sang ne peut trop être apprécié. Caravan s'est bien reproduit en demi-sang. Il est à regretter qu'il n'ait point été placé dans un berceau de chevaux; son sang y eût certainement fait souche. Il donnait tout à la fois force et énergie, mais il s'est surtout distingué dans le pur sang. Le turf français lui doit quelques-uns de ses meilleurs chevaux. Nous citerons entre autres : *Empereur, Djall, Penkam, Duguesclin, Badpay, Castor. Mythême, Tictac, Perle-Fine, Diamant, Duchesse, Charlatan, Mademoiselle-Désirée, Polygone, Paladin, Idole, Beau-Soleil, Souvenir*, vainqueur du Derby en 1862. Plusieurs de ses pouliches, après avoir fait de bonnes épreuves, sont devenues poulinières et font espérer des résultats satisfaisants. Du reste, il est à remarquer que ce cheval a donné beaucoup plus de mâles que de femelles.

The-Prime-Warden.

Bai, né chez M. Marshall en 1834, par Cadland et Zarina. Importé en 1847, mort en 1860.

Ce cheval, acheté en Angleterre par M. de Laplace, fut placé d'abord à Braisne, puis, en 1849, à Rodez, et en 1853 à Angers, où il resta jusqu'à sa mort.

Les performances de Prime-Warden sont bonnes, à deux et trois ans; il remporta plusieurs prix, battant d'excellents chevaux; en tout, quinze courses et cinq victoires dans de bonnes conditions.

La conformation de Prime-Warden était des plus remarquables ; c'était un de ces types qu'on ne retrouve que de loin en loin et dont la nature semble avare, qui réunissent la plus parfaite distinction à la force herculéenne et au gros que le vulgaire prend pour du commun. Par une fatalité singulière et dont il n'est pas le seul exemple, Prime-Warden fut fort peu apprécié en arrivant en France. Au lieu de l'envoyer en Normandie, pays pour lequel il semblait fait exprès, il fut relégué dans des établissements où il ne trouva ni accueil favorable ni juments dignes de lui. On peut dire que ce cheval a été perdu pendant six ans pour la reproduction française, et qu'il n'a enfin été tiré de l'oubli qu'à une époque où ses facultés étaient fortement amoindries et son organisation en décadence. Malgré cela, une fois accouplé à de bonnes juments et dans un climat favorable, Prime-Warden se fit bientôt connaître par le mérite de ses produits, qui, malgré leur petit nombre le classent désormais parmi les premiers étalons qu'ait eus la France.

On remarque principalement parmi eux *Géologie*, *Light*, *Plume-Coq*, *Réséda*, *Bas-Bleu*, *Patience*, *Musette*, *Polichinelle* ; *Cromwell*, vainqueur du Derby de l'Ouest ; *Surprise*, excellente jument de steeple-chase.

On ne peut trop rechercher avec soin les filles de ce cheval comme poulinières.

Beggarman.

Bai, par Zinganee et Adeline. Né en Angleterre en 1835. Ce cheval fut acheté par M. le duc d'Orléans, qui le fit courir pendant deux ans. Il gagna à ce prince, en 1839, une coupe d'or à Boulogne-sur-Mer, battant Master-Waggs; un prix de 3,000 fr. à Bruxelles, battant quatre concurrents; en 1840, un prix de 5,000 fr. au Champ-de-Mars ; un autre prix de 2,500 fr. à Boulogne-sur-Mer, battant Coalition. Enfin, cette même année, il gagna la coupe d'or de Goodwood.

Beggarman, acheté pour les haras en 1842 par M. de Laplace, fut d'abord envoyé au haras du Pin, puis à Pompadour en 1844, à Tarbes en 1845, à Pau en 1846, enfin à Cluny en 1850 où il a été réformé en 1852.

Beggarman était d'un très-joli modèle; il réunissait la force à la distinction ; il était surtout remarquable par la force de ses reins et de ses hanches, et joignait à cela un grand cachet d'énergie et un caractère d'étalon très-prononcé. Ce cheval s'est parfaitement reproduit, et on doit regretter qu'il n'ait pas été mieux employé et surtout qu'il ne soit pas resté plus longtemps en Normandie, où il a laissé d'excellents produits. On remarque parmi ses descendants *Morok*, vainqueur du Derby ; *Marcoussis, Sifax, Amie*, mère de Gringolette et de Braconnier ; *Mainada*, et plusieurs autres bonnes poulinières. C'est un sang précieux à rechercher avec soin.

Atteint de fluxion périodique, ce cheval fut réformé et vendu en 1852.

Ion.

Bai, par Caïn et Margaret ; né en Angleterre en 1835, fut acheté en 1851 par M. Perrot de Thannberg et placé d'abord au dépôt d'Angers, puis à Paris en 1855, où il mourut en 1861.

(Voir la première partie, page 114, pour les performances de ce cheval et autres détails.)

Ion était un cheval de la plus élégante conformation et d'une finesse de sang fort rare ; sous ce rapport, il avait quelque ressemblance avec Gladiator. Fortement établi, doué de magnifiques longueurs, il peut passer pour un des meilleurs étalons qui soient venus en France. Malheureusement, on n'a pas su tirer parti de lui comme il l'eût mérité : il n'a presque jamais eu des juments de tête, qui, dans l'Anjou, étaient données à d'autres étalons ; et quand il est arrivé à Paris, il était déjà très-usé et n'a pu obtenir les résultats qu'on était en droit d'en attendre. Cependant Ion a produit d'excellents chevaux ; nous citerons entre autres : *Lion*, vainqueur du Derby en 1856 ; *Finlande*, vainqueur du prix de Diane et du prix de l'Empereur en 1861 ; *Ioness, Goëlette, Pacha, Violette, Mademoiselle-Marco, Biribi, M.-Henry, Lady-Tartuffe, Fleur-de-Lys*.

Ion avait, comme nous l'avons dit dans la première partie, produit en Angleterre plusieurs chevaux remarquables, entre autres *Tadmor* et *Wild-Dayrell*.

Les filles de ce cheval devraient être recherchées avec soin, tant à cause des qualités du père que de sa belle conformation.

Lanercost.

Bai brun, né en Angleterre, en 1835, par Liverpool et Otis.

Ce cheval, acheté par M. le comte d'Hédouville en 1853, fut d'abord placé au dépôt de Paris jusqu'en 1859, où il fut envoyé au haras du Pin.

(Voir la première partie, page 115, pour les performances et les antécédents de ce cheval.)

Lanercost est un étalon très-précieux, mais dont, comme de beaucoup d'autres, on n'a pas su tirer tout le parti possible ; cependant il a donné quelques bons chevaux, parmi lesquels nous citerons : *Baron, Cincinnatus, Forestier, Gustave, Précurseur*, et surtout *Gouvieux*.

Ainsi que nous le disions dans la première partie, ce cheval pouvait faire beaucoup de bien en France, surtout à cause de ses belles lignes et de la netteté de ses membres. Ses pouliches, lorsqu'elles sont nées dans de bonnes conditions, doivent être de précieuses poulinières.

Brabant.

Bai, né en Angleterre, en 1836, par Lapdog et Béguine.

Ce cheval fut acheté par M. Carter, qui le plaça près de Paris, où il fit la monte de 1840 à 1850.

Les succès de ce cheval se bornent à avoir été premier une fois sur deux courses qu'il courut à l'âge de deux ans.

Brabant n'a eu qu'un petit nombre de produits ; ils ont peu marqué dans les courses, cependant on peut citer *Geneviève-de-Brabant*, qui s'est montrée assez bonne jument. Trois de ses filles ont été consacrées à la reproduction.

Assassin.

Bai, né en Angleterre, chez M. Edwards en 1837, par Taurus et Sneaker ; importé en 1845.

Ce cheval fut acheté par M. de Coët-di-Huël et placé au dépôt de Tarbes.

Assassin, quoique avantageusement placé d'abord dans l'estime publique, n'a pas eu de très-brillantes performances : à trois ans, il gagna une poule des produits à Newmarket, battant un champ de sept chevaux bien composé ; la même année, il ne fut point placé au Derby, pour lequel il était un des premiers favoris, — et quelques jours après il reçut un forfait de 100 souverains ; — à quatre ans, il gagna un *match* contre Capote, à lord Bentick, et fut battu à son tour par Garry-Owen.

Assassin était fortement établi, bâti en père et en bon cheval ; on lui reprochait un dos un peu bas, mais c'était, en somme, un reproducteur fort distingué.

Ce cheval a été employé très-avantageusement avec le demi-sang, et il a donné quelques bons produits de pur sang qui ont prouvé qu'on eût pu en tirer parti s'il eût été employé dans de bonnes conditions, entre autres : *Bohémienne, Mondésir, Alice, Marquis, Odette, Little-Brown.*

Plusieurs de ses filles sont devenues poulinières.

Garry-Owen.

Alezan, né en Angleterre en 1839, par St-Patrick, sa mère Excitement. Importé en 1849.

Ce cheval, acheté par M. de Laplace, fut placé à Tarbes dès son arrivée en France. (Voir, pour les performances et autres détails, la première partie, page 116.)

Garry-Owen avait un bel ensemble, des lignes longues, et un grand caractère d'étalon ; on lui reproche la légèreté de ses membres antérieurs. Ce cheval, par ses courses et sa conformation, semblait destiné à faire un reproducteur de premier ordre ; cependant, soit que le climat du Midi ne lui convînt pas, soit qu'il n'ait pas eu de bonnes juments, soit que la remarque faite déjà à son égard, qu'il avait plus de vitesse que de fonds, puisse s'appliquer à sa descendance, toujours est-il qu'il n'a pas eu un grand nombre de produits remarquables ; on peut distinguer parmi eux *Rémus*, excellent cheval du Midi, *Traveller*, *Ramadan* et *Coradin*.

Pagan.

Bai brun, né en Angleterre en 1838, par Muley-Moloch et Fanny. Importé en 1847.

Ce cheval fut acheté par M. de Laplace, et placé d'abord à Angers en 1847, puis à Napoléon-Vendée en 1853. Réformé et vendu en 1855.

Les performances de ce cheval ne sont point très-brillantes, et cependant il courut jusqu'à l'âge de sept ans, gagnant quelquefois des champs nombreux, mais le plus souvent non placé. Ses victoires sont au nombre de six sur plus de trente courses, et pour des prix peu importants. Son seul mérite est d'avoir résisté si longtemps à un entraînement presque continuel, et d'avoir prouvé dans ses épreuves un robuste tempérament.

Pagan n'était pas un beau cheval, il était décousu et sans distinction, surtout dans ses extrémités. En somme, c'était un étalon médiocre, plus propre pour le croisement que pour la reproduction de la race.

Il a donné cependant quelques produits qui ont montré de l'énergie et des moyens, entre autres *Gaudriole*, *Paganini*, *Ventilateur* et *Pagane*, tous chevaux des courses de l'Ouest.

Prince-Caradoc.

Bai, né chez M. Mostyn en 1838, par The-Colonel et Queen-of-Trumps. Mort en 1855.

Ce cheval fut acheté en Angleterre par M. de Laplace en 1847, et fut placé d'abord au Haras du Pin, puis en 1850 au dépôt de Langonnet.

A trois ans, Prince-Caradoc courut huit fois et ne fut que deux fois vainqueur; mais il arriva deuxième et troisième dans toutes les autres courses, battant souvent des champs nombreux. A quatre ans, il courut quatre fois et gagna une coupe d'or. En somme, ses performances, sans être brillantes, sont très-convenables.

En 1847, il obtint le premier prix des étalons de pur sang à l'exposition agricole du Yorkshire, et, la même année, le premier prix à celle du Wetherby, ouverte à tous les chevaux d'Angleterre.

La conformation de Prince-Caradoc était très-régulière et gracieuse; il était près de terre, profond dans sa poitrine, élégant dans son encolure, très-long dans ses lignes; et puissant dans son arrière-main. On lui reprochait des jarrets médiocres, des membres antérieurs peu fournis et des paturons grêles. Ce cheval a été très-peu employé avec le pur sang, a cependant laissé quelques poulains de mérite, tels que *Isole*, *Mériadec*, *Toison-d'Or* et *Moréna*.

Il a donné de bons chevaux de demi-sang.

Auckland.

Bai brun, né en Angleterre, chez lord Westminster, en 1839, par Touchstone et Maid-of-Honor, importé en 1852.

Ce cheval fut acheté en Angleterre par M. Ernest Leroy, pour la somme de 7,605 fr., et placé d'abord au dépôt de Saint-Lô, où il ne resta qu'un an; il fut ensuite envoyé à Abbeville en 1854, et réformé en 1858.

Cet étalon avait de bonnes performances; il courut quatorze fois, et fut cinq fois vainqueur dans de bonnes conditions.

Sa conformation, sans être supérieure, n'était pas mauvaise; il avait de la force et de belles parties, et convenait à la production du demi-sang, auquel il a été uniquement consacré depuis son arrivée en France. Il est à regretter que ce cheval, dont l'origine était parfaite et les épreuves assez bonnes, n'ait pas été employé avec le pur sang.

Attila.

Bai, né en Angleterre chez le colonel Hancox, en 1839, par Colwick et Progress.

Ce cheval avait été loué en Angleterre par une société d'amateurs, et a fait la monte à Paris en 1846.

Attila gagna le Derby en 1842, et fut vainqueur dans plusieurs autres courses, mais il ne fut pas placé dans le Grand-Saint-Léger.

C'était un cheval d'une belle et élégante conformation et d'un sang très-estimé.

Il a donné en France 12 produits de pur sang qui ont brillé dans les courses. Les principaux sont : *Babiega, Fleur-de-Marie, Saint-Léger, Marly, Messine,* et surtout *Saint-Germain,* vainqueur du Derby français en 1850.

On sait qu'Attila fut blessé grièvement dans la traversée en retournant à Angleterre, et qu'il mourut en arrivant à Londres.

Ballinkeele.

Bai, né en Irlande chez M. Maher, en 1830, par Irish-Birdcatcher et Perdita, importé en 1850.

Ce cheval fut acheté par M. Perrot de Thannberg, pour la somme de 19,200 fr., et placé dès son arrivée au dépôt d'étalons de Saint-Lô, où il est resté jusqu'en 1850, époque de sa mort.

Ballinkeele s'est montré plus que médiocre dans ses courses; sur trois engagements il ne compte pas une victoire, et ne fut pas placé au Grand-Saint-Léger, pour lequel il était cependant regardé comme un des premiers favoris.

Comme conformation, ce cheval avait de l'ensemble et assez de force, mais il était court dans ses lignes et médiocre dans ses jarrets.

Il s'est généralement assez bien reproduit en demi-sang

dans le Cotentin, et a donné dix produits de pur sang, dont quelques-uns ont gagné des courses locales, entre autres *Oiseleur*, qui s'est assez bien montré en 1862.

Nuncio.

Bai, né en Angleterre chez lord Albemarle, en 1839, par Plenipotentiary et Ally par Partisan.

Ce cheval fut d'abord vendu pour la Belgique, puis acheté par M. le prince de Beauvau, et revendu par lui à M. de Laplace, pour la somme de 4,020 fr. En 1847, il fut placé au dépôt de Paris et envoyé la même année au dépôt de Braisne. Il fut envoyé à Abbeville en 1853, puis à Paris où il est resté jusqu'en 1860, époque à laquelle il fut envoyé au haras du Pin, et ensuite à Aurillac, en 1861.

Les courses de ce cheval sont assez bizarres ; sans être de première classe, elles indiquent un cheval sûr de lui-même et d'une bonne trempe ; à deux ans il court quatre fois et est deux fois vainqueur dans deux engagements, dans l'un desquels il bat dix-huit chevaux ; à trois ans il ne court que dans des paris, il en gagne six, dont un dead-heat avec Abydos, et est battu dans deux autres ; enfin, à quatre ans il court deux fois et est une fois vainqueur de quatre chevaux, et second l'autre, battant quatre chevaux également.

La conformation de Nuncio est peu accentuée, c'est un joli cheval dans toute la force du terme, d'une régularité parfaite, mais un peu léger comme père.

Ce cheval s'est magnifiquement reproduit, il le doit en grande partie à la bonne chance qu'il a eue d'être placé chez M. Latache de Fay, où il a été accouplé dans d'excellentes conditions avec de bonnes mères ; cette circonstance a certainement aidé considérablement à sa réputation. Il a donné jusqu'à présent trente-trois produits de pur sang, parmi lesquels on remarque : *Black-Prince*, *Denis-Papin*, *Nuncia*, *Plenipo*, *Wedding*, *Phœnix*, *Avron*, *Le-Monsieur*, *Plume-Loup*, *Rocka*, *Valbruant*, *Cammas*, *Festival*, *Decenoy*, *Little-Saint-Martin*, *Ravières*, *Trust*, *Pedagogue* et *First-Born*.

Minotaur.

Alezan, né en Angleterre chez le duc de Bedford, en 1840, par Taurus et Lyrnessa.

Ce cheval fut acheté en Angleterre par M. le comte d'Hédouville, pour la somme de 7,800 fr., et placé, en 1853, au dépôt de Saint-Lo, où il est resté jusqu'en 1858, époque à laquelle il fut envoyé à Blois. Abattu en 1859.

Minotaur a couru avec assez de succès sans avoir eu des victoires importantes; il remporta onze prix en deux ans, battant plusieurs bons chevaux.

C'était un cheval très-fort, d'un assez bon modèle, mais enlevé et faible dans son dessous. Ses aplombs étaient peu réguliers, sa tête peu brillante et son rein long. En somme, c'était un étalon médiocre, il n'a eu qu'un très-petit nombre de juments de pur sang et n'a guère produit que *Mousquetaire* qui se soit assez bien montré sur le turf.

Cataract.

Bai, né en Angleterre chez le duc de Grafton, en 1840, par Hornsea et Oxygen, par Émilius.

Ce cheval fut acheté en 1848 pour le compte de l'administration de l'Institut agronomique de Versailles et cédé aux Haras en 1851. Il fut d'abord placé à Angers, à Saint-Lo en 1854, puis à Libourne en 1855, et réformé en 1858.

Cataract n'a pas eu de courses brillantes; cependant en deux ans il a remporté quatre victoires dans d'assez bonnes conditions, à Darlington, York et Newmarket.

Ce cheval était d'une conformation élégante et très-régulière, il avait de la force et de belles lignes, mais il lui manquait ce caractère d'étalon qui annonce une grande puissance de reproduction.

Il convenait très-bien au croisement, et a laissé plusieurs bons chevaux de demi-sang. Parmi ses produits de pur sang, on cite : *Ballon, Ydrasil* et *Yatagan*.

Napier.

Alézan, né en Angleterre, chez M. Crampton, en 1840, par Gladiator et Marion; importé en 1850.

Ce cheval a été acheté en Angleterre par M. Perrot de Thannberg, pour le prix de 18,200 fr., et placé à Pau en 1851 jusqu'en 1859, où il fut envoyé à Pompadour jusqu'en 1862, époque de sa mort.

Napier avait gagné à deux ans le Clearwell-Stakes, à Newmarket, et un autre prix à Doncaster; à trois ans, il gagna cinq belles courses, battant de bons chevaux, dont le Saint-Léger de Liverpool.

C'était un cheval remarquable comme conformation; sa tête et son encolure étaient superbes, ses membres forts et bien dessinés, et son corps bien fait, quoiqu'un peu court de côtes. Malheureusement il était affecté d'éparvins, qu'il a donnés à plusieurs de ses produits. Il s'est montré très-fécond et a donné un grand nombre de vainqueurs dans les courses du Midi.

On cite parmi eux : *Pollux, Marion, Chica, Madrigal, Mors-aux-Dents* et surtout *Y.-Napier*, très-bon cheval, mais très-laid et taré, lequel gagna dans le Midi 25,000 fr. de prix en 1856.

The Scavenger.

Alézan, né en Angleterre chez M. Allanson, en 1840, par Slane et Vulture; importé en 1846.

Ce cheval, acheté en Angleterre par M. le baron de Pierres et revendu par lui à M. de Laplace pour le prix de 6,020 fr., fut d'abord placé à Tarbes en 1847, puis à Charleville en 1854, où il est mort en 1855.

The-Scavenger n'avait pas eu beaucoup de succès dans ses courses, quoique bien placé souvent. Il ne compte que deux victoires sur le turf.

C'était un fort gracieux étalon, très-brillant, et plein d'énergie; on lui reprochait d'être un peu enlevé.

Il s'est parfaitement reproduit dans le demi-sang, mais on ne cite, parmi ses poulains de pur sang, que *Dudu*, qui ait paru avec quelque avantage sur le turf.

Faugh-a-Ballagh.

Bai, né en Irlande, en 1841, chez M. Knox, par Sir-Hercules et Guiccioli.

Acheté par M. du Taya en 1855, en Irlande, et placé au dépôt des remontes de Paris, puis à Saint-Lô en 1856, ensuite au Pin en 1857, où il est resté jusqu'à sa réforme en 1861.

Faugh-a-Ballagh est le propre frère d'Irish-Birdcatcher; il eut comme lui de très-bons succès de courses.

(Voir la première partie, page 121, pour les performances de ce cheval et autres détails.)

Ce cheval fut atteint en arrivant en France, d'une affection dont il avait pris les germes en Angleterre, par suite de mauvaises conditions hygiéniques. La pousse se développa chez lui à un haut degré et porta une grave atteinte à sa réputation. Ce ne fut qu'avec crainte que quelques bonnes juments lui furent données, et le nombre en fut presque nul pendant les montes de 1856 et 1857.

Cet excellent cheval a donné quelques produits d'un grand mérite, tels que *Mlle-de-Champigny*, *Fougère*, *Manche-à-Balai*, *Timothy*, *Falendre*, et surtout *Prétendant* et *Fille-de-l'Air*, chevaux d'un mérite hors ligne. Il donnait quelquefois son jardon; cependant on a de lui quelques belles pouliches parfaitement nettes, et qui promettent de devenir de remarquables poulinières.

Freystrop.

Bai, né en Angleterre, chez M. Bristow's, en 1841, par Uncle-Toby et Dinah; importé en 1846.

Ce cheval fut acheté en Angleterre par M. Denis Courtois, et fit la monte comme cheval approuvé.

Freystrop avait de bonnes performances ; il avait eu plusieurs victoires à deux, trois et quatre ans, dans lesquelles il avait battu de bons chevaux.

Sa conformation n'était pas mauvaise, et, placé dans de bonnes conditions, ce cheval eût dû être appelé à bien se reproduire.

Il a laissé très-peu de produits de pur sang, parmi lesquels on cite *M*^{lle}*-de-Bellevue* et *Vingt-deux-Juin*.

The-Emperor.

Alezan, né chez lord Albermale en 1841, par Défence et Reveller-Mare, importé en 1850.

Ce cheval fut acheté en Angleterre par M. Perrot de Thannberg pour la somme de 16,112 fr., et placé au dépôt de Paris, où il est resté jusqu'à sa mort, en 1851.

The-Emperor, avait de très-bonnes performances jointes à une magnifique conformation. (Voir la première partie, page 119.)

Cet excellent cheval n'a fait qu'une monte en France, et sa perte est des plus regrettables ; car sur les vingt produits qu'il a laissés on compte un nombre relativement considérable de chevaux d'un haut mérite. Nous citerons entre autres : *Allez-y-Gaiement*, *Monarchist*, *Peu-d'Espoir*, *Triumvir*, *Baroncino*, *Biberon*, *Géranium*, *Ratapoil*, *Théodora*, *Trajan*, et surtout *Monarque*, un des meilleurs chevaux du turf français.

Ionian.

Né chez le colonel Peel en 1841, par Ion et Malibran.

Ce cheval a été acheté en Angleterre par M. de Laplace, pour la somme de 8,975 fr., et placé au dépôt de Libourne en 1849, puis à Pompadour en 1850 ; il revint à Libourne en 1852, et retourna de nouveau à Pompadour en 1854, où il est resté jusqu'en 1850, puis renvoyé à Libourne et réformé en 1862.

A deux ans, Ionian gagna trois prix dont le Chesterfield-Stakes de 450 livres. A trois ans, il arriva second au Derby, et gagna un prix de 100 livres à Ascot.

Ionian était un très-joli étalon, ayant beaucoup de distinction et d'ensemble ; il s'est bien reproduit dans le pur sang et a donné un grand nombre d'excellents chevaux. Parmi les soixante-quatre produits qu'il a laissés, on cite : *Yatagan, Comus, Miss-Ellen, Yole, Argus, Entr'acte, Clair-de-Lune, Gitana, Lord-Spleen, Trait-d'Union, Ventre-à-Terre, Chalusset, Durandale, Pembroke, Tôt-ou-Tard, Conqueror, Ionienne, Tintamarre.*

Arthur.

Bai brun, né chez M. Arthur en 1842, par Dick et Susan. Importé en 1848.

Ce cheval a été acheté, à M. Copeland, en Angleterre, par M. de Laplace pour la somme de 6,425 fr.

Il fut placé au dépôt de Rosières en 1848, réformé et vendu en 1854.

A quatre ans, Arthur a gagné quatre prix dont un grand Handicap de 1,120 livres, et à cinq ans un autre prix.

Arthur était bâti en force et en énergie, il avait une belle épaule, une grande puissance d'arrière-main et de très-belles articulations. On lui reprochait un peu de longueur dans son dessus et des éparvins, il était en outre d'un tempérament maladif.

Sur les dix-neuf produits de pur sang qu'il a laissés, on ne cite guère que *Lady-Arthur*, bonne jument de steeple-chase.

The-Baron.

Bai, né en Irlande, comté de Kildare, chez M. Georges Watts, en 1842, par Irish-Birdcatcher et Echidna.

Ce cheval fut acheté par M. Perrot de Thannberg en 1849, pour la somme de 27,337 fr. Placé au dépôt des remontes à Paris, il y est resté pendant toute sa carrière et y est mort en 1859.

The-Baron a eu, comme cheval de courses, une carrière bizarre. Il ne courut pas à deux ans; à trois ans, il débuta par une défaite à Curragh (Irlande) suivie de deux victoires peu importantes; de là il passe en Angleterre et est battu pour le Saint-Léger de Liverpool, mais il prend bientôt une éclatante revanche en gagnant le Grand-Saint-Léger de Doncaster, battant Amandale, Weatherbit et Miss-Sarah; quelques jours après il gagne le Césarewitch de Goodwood, double victoire qui n'avait encore été obtenue que par son oncle Faugh-a-Ballagh. A la suite de ce triomphe, il fut vendu 4,000 liv. (100,000 fr.) et engagé dans le Cambridgeshire, où il fut battu.

L'année suivante, en 1846, ses courses furent médiocres, de sorte qu'il fut considéré, malgré ses succès, comme inférieur à Alarm et à Sweetmeat, les deux chevaux supérieurs de son année.

La conformation de Baron donnait aussi matière à discussion; on ne pouvait trop louer sa force, sa prestance, les belles lignes du dessus, la force et la puissance de son arrière-main; sa poitrine était suffisamment développée et son épaule bien placée; mais sa tête était forte, sans expression, ses genoux ronds et minces, et ses jarrets marquaient une prédisposition aux jardons, que l'on remarque trop souvent dans la famille des Birdcatcher. On doit ajouter qu'il n'avait pas cette finesse de tissus ni cette physionomie intelligente et gracieuse qui annoncent le cheval de sang de premier ordre.

Baron, avant de venir en France, avait fait la monte chez M. Théobald, au haras de Stockwell, pendant les années 1848 et 1849. C'est là qu'il produisit, avec la fameuse jument Pocahontas, les deux chevaux Stockwell et Rataplan, qui feront éternellement sa gloire de reproducteur; mais comme si ce cheval était destiné à n'être jamais complet dans aucun genre, il s'est trouvé que ses autres poulains, si l'on en excepte un seul, Chief-Baron-Nicholson, ont été des plus médiocres.

Placé, à son arrivée en France, au dépôt des remontes de Paris, il s'est montré peu fécond, et ses produits n'ont pas réussi en général, comme on eût dû l'espérer, puisqu'il a eu, pendant dix ans, les meilleures juments de France. On cite cependant, parmi ses descendants, *Rémunérateur, Damed'Honneur, Tonnerre-des-Indes, La-Maladetta, Phœbus, Bakalum, Zouave, Baroness, Mademoiselle-Diggory, Marie-Shah, Isabella, Flammèche, Séville, Vert-Galant, Athos Corpus-Juris, Oubli, Phénix, Audacieuse, Auricula, La-Vapeur, Étoile-du-Nord, Charles-le-Téméraire, Colbert, Fort-à-Bras*, et surtout *la Touèques*, célèbre par ses victoires en France et en Angleterre, et *Vermeille*, mère de Vermouth. On lui attribue aussi la paternité d'*Isolier* ; mais quant à *Peu-d'Espoir, Monarque* et *Potocki*, dont les mères lui avaient été conduites, il y a certitude qu'ils appartiennent à d'autres pères.

The-Baron était, du reste, du meilleur sang possible, sa généalogie est certainement une des plus belles du turf anglais ; peut-être, parmi les rares pouliches qu'il a laissées, trouvera-t-on une mine féconde à exploiter.

Stoker.

Bai, né en Angleterre, en 1842, par Steamer et Mottley.

Acheté par M. Perrot de Thaunberg, il fut placé au Haras du Pin, en 1852, où il est resté jusqu'à ce jour.

Ce cheval a été consacré, dès sa jeunesse, aux courses d'obstacles, auxquelles le prédisposait sa forte constitution. Il est venu en France courir un steeple-chase au Haras du Pin, à la suite duquel il fut acheté pour l'administration des Haras.

Stoker est remarquable comme force et comme prestance ; il a de très-belles parties, une belle épaule, une jolie encolure, et beaucoup de force de membres ; mais il est un peu bas du dos, cagneux du pied gauche ; sa poitrine n'a pas assez de profondeur, et ses éparvins sont gros. Il donne à ses produits ses qualités et ses défauts ; il est plus propre au croisement qu'à la reproduction du pur sang. Ses poulains de demi-sang sont bons pour le service, car il donne beaucoup d'énergie, mais ils sont rarement propres à faire des étalons ou des poulinières, à cause des défauts de conformation qu'ils tiennent de leur père.

Il n'a donné qu'un produit de pur sang, qui n'a pas paru sur le turf.

Worthless.

Né en Angleterre, chez M. Wreford, en 1842, par Camel et Mouche. Importé en 1846.

Ce cheval a été acheté par M. de Laplace pour la somme de 3,225 fr.

Il fut placé à Pau en 1850, et à Libourne en 1851 jusqu'en 1857, où il fut abattu par suite de fracture.

Worthless avait eu d'honorables succès sur le turf. A trois ans, il remporta quatre victoires, dont le Racing-Stakes, à Goodwood, et les 100 livres, à Salisbury.

C'était un cheval d'une petite taille, mais d'un remarquable ensemble, doué de fortes articulations, très-profond dans sa poitrine et très-long dans ses lignes.

Avec l'âge, son dos et son rein avaient beaucoup baissé. Ce cheval s'est montré très-fécond, et s'il eût été placé dans de bonnes conditions, il eût dû faire un bon reproducteur. Il a donné quelques produits de pur sang, parmi lesquels on cite *Fortunata*, *Indépendance*, et *La-Gazelle*, assez bons chevaux du Midi.

Brocardo.

Bai brun, né chez le général Shubrick en 1863, par Touchstone et Brocarde, en 1848.

Ce cheval fut acheté en Angleterre, par M. Perrot de Tannberg, pour la somme de 17,020 fr., et placé d'abord au haras de Pompadour, puis au haras du Pin en 1852 et années suivantes.

Brocardo n'a pas de brillantes performances ; ses succès se bornent, par une singulière coïncidence, à la troisième place, au Derby et au Saint-Léger. A quatre ans, il gagna un prix à Doncaster.

Brocardo est un cheval d'une grande taille et d'une remarquable conformation comme beauté plastique ; il a de belles lignes, un beau dessus, une belle poitrine, des membres réguliers quoiqu'un peu légers. Toutefois, il n'y a pas en lui cette physionomie qui annonce l'étalon et le cheval d'énergie et de substance ; aussi convient-il mieux au croisement qu'à la reproduction de la race pure. Ses produits de pur sang ont eu peu de succès dans les courses, à l'exception d'Agar, par Rachel, qui a bien couru dans les courses du Midi. On cite encore parmi les chevaux de second ordre : *Bacchante, Domino, Mont-de-Marsan, Claire, Éliane, Muséum, Suresnes, Deburau, Lignières.*

Brocardo a donné en Normandie un grand nombre de chevaux de service d'un bon genre et plusieurs étalons de demi-sang assez appréciés.

Iago.

Bai, né chez le colonel Anson en 1843, par Don-John et Scandal. Introduit en 1854.

Ce cheval fut acheté en Angleterre par M. le comte d'Hédouville pour les haras de l'État au prix de 37,800 fr. Il entra au haras du Pin en 1854, et n'y resta qu'un an. En 1855 il fut envoyé à Angers, et en 1862 à Libourne.

Iago a de belles performances; il gagna dix prix à trois ans, dont 700 livres à Newmarket, 1,100 livres à Doncaster, et les racing-stakes à Goodwood. Il arriva aussi second au Grand-Saint-Léger.

Ce cheval est d'une haute élégance de conformation ; son dessus, ses hanches, sa tête, son encolure ne laissent rien à désirer ; ses jarrets sont excellents, mais il est un peu enlevé ; ses membres sont grêles et ses aplombs sont irréguliers. Malgré ces défauts, c'est un précieux étalon, mais qui demande à être bien accouplé et à être placé dans un climat favorable.

Il est regrettable qu'on n'ait pas voulu l'employer en Normandie, où il convenait bien. Son mérite a été discuté dans l'Anjou, où il a cependant donné des chevaux remarquables, entre autres *Plantagenet* et *Saint-Aignan*. On cite encore, parmi ses produits : *Trovatore*, *Peu-de-Chance*, *Éclair*, *Don Juan* et *La-Chatte*.

Glory.

Bai, né chez M. Hudson, par Glycon ou Assassin et Joséphine. Importé en 1847.

Ce cheval porte au stud anglais le nom de *Bold-Archer*. Il fut acheté pour le compte de M. le duc Des Cars, et placé par lui à son haras de Sourches, où il a toujours séjourné depuis son arrivée en France ; il est approuvé par les Haras.

On ne voit pas que ce cheval ait jamais eu de succès dans les courses. Sa conformation est, d'ailleurs, régulière et gracieuse ; il annonce de l'énergie, et ferait un bon cheval de croisement sans le petit jardon dont le jarret gauche est affecté.

Glory a donné quelques bons produits de pur sang de second ordre ; nous citerons entre autres : *Willow*, *Xantippe* et *Xenomane*. Croisé avec les fortes juments du Maine, il donne, chaque année, un certain nombre de bons chevaux de service.

Pyrrhus-the-First.

Alezan ; né chez M. Bouverie en 1843, par Épirus et Forteress.

Ce cheval fut acheté en Angleterre par M. de Nexon en 1851, chez lequel il fut employé à la monte pendant deux ans.

Cédé par son propriétaire à la direction des Haras, il fut placé au Pin en 1861, où il est mort en 1862.

Pyrrhus-the-First a de beaux succès de course. (Voir la Ire partie, page 124.)

Quoique laissant à désirer dans certaines parties, Pyrrhus-the-First était un bel et brillant étalon ; sa taille était moyenne, sa poitrine profonde, ses lignes très-longues, son encolure belle et sa tête charmante. On lui reprochait des éparvins un peu saillants, des boulets minces et des paturons un peu longs, défauts qui ont augmenté avec l'âge.

En général, il s'est reproduit assez médiocrement. Il a donné en France sept produits, parmi lesquels on n'a encore remarqué qu'*Anjou*, et *Forest-du-Lys*, qui s'est montrée très-bonne jument.

Sting.

Né chez M. Forth en 1843, par Slane et Écho. Importé en 1848.

Ce cheval a été acheté en Angleterre par M. de Laplace, en 1847, pour la somme de 15,450 fr. Placé d'abord à Paris jusqu'en 1853, il entra au dépôt de Tarbes en 1855, où il est encore.

A deux ans, Sting s'acquit une grande renommée en remportant les principaux prix d'Angleterre affectés aux chevaux de son âge ; entre autres, deux grands prix à Goodwood, et deux autres grands prix à Newmarket.

A trois ans il a gagné un prix à Doncaster, et deux grands prix à Newmarket, et est arrivé second pour le Cambridge-shire-stakes à Newmarket.

A quatre ans il a gagné un grand prix à Newmarket, et est arrivé second pour le Newmarket handicap-stakes.

Sting est de taille moyenne, mais d'un ensemble parfait ; ses lignes sont superbes ; il joint à cela un haut cachet de distinction et un grand caractère d'étalon. Malgré le jardon de son jarret gauche, c'est un cheval de premier ordre, et qui s'est montré aussi bon reproducteur que bon cheval de course. On peut le placer parmi les meilleurs chevaux qui soient venus en France; il est regrettable qu'un pareil cheval n'ait pas obtenu un plus grand nombre de bonnes juments dans de bonnes conditions. La vraie place de ce cheval était en Normandie, où il n'eût pas manqué de se faire une éternelle renommée. On remarque surtout parmi ses descendants *Jouvence*, *Moustique*, *Échelle*, *Éperon*, *Nicotine*, *Beaucens*, *Naïm*, *Pile-ou-Face*, *Lysisca*, *Savonnette*, *Bellah*, *Amulette*, *Nettle*, *Lilliput*, *Ronconi*, *Alerte*, *Brutus*, *Derviche*, *Miss-Anna*, *Jonathas*, *Marianne*, *Pilgrim*, *Wasp*, *Aboukir*, *Merlin* et *Minos*, vainqueur du Grand-Saint-Léger du Midi ; *Agar*, mère de Bois-Roussel, etc.

Colling-Wood.

Bai brun, né en Angleterre en 1843, chez M. Payne, par Sheet-Anchor et Kalmia par Magistrat.

Ce cheval a été acheté en Angleterre par M. du Taya, en 1855, pour la somme de 16,800 fr. Il fut placé à Pompadour en 1856 et à Tarbes en 1858. (Voir la Ire partie, page 123, pour les performances).

Colling-Wood est un bel étalon ; il a de la prestance, de la distinction, des muscles bien sortis et une belle nature de membres. L'âge a fait baisser son dos, qui, du reste, n'a jamais peut-être été bien soutenu ; on lui reproche encore des éparvins saillants, quoique les jarrets soient, d'ailleurs, larges et d'une belle coupe.

Comme reproducteur, parmi les poulains qu'il a donnés jusqu'ici en France, on cite : *Cyllarus*, *Faugéras* et *Kaolin*.

Polecat.

Bai, né en 1843 chez lord Stradbroke, par Bay-Middleton et Pussy. Importé en 1846.

Ce cheval fut acheté par M. de la Place pour la somme de 6,160 fr. Il fit la monte à Paris en 1847, puis fut placé au Pin en 1848, à Rosières en 1852, à Cluny en 1854, à Rosières en 1857, et mourut la même année.

Polecat a peu couru; il gagna un prix, à trois ans, à Newmarket, après quoi il fut acheté pour la France.

Ce cheval, d'un sang excellent, d'une grande force et doué de magnifiques membres, était peu brillant comme ensemble; son dos était un peu long, et il n'avait pas tout le poids désirable dans l'arrière-main. C'était cependant un étalon très-précieux qui s'est bien reproduit en pur sang, et qui convenait parfaitement en Normandie pour le croisement. Il est très-fâcheux que ce cheval ait été retiré du haras du Pin, où il donna d'excellents produits. On cite parmi sa descendance : *Mika*, *Adolpho*, *Dash*, *Mademoiselle-de-la-Veille*, *Ronald*, *d'Arthenay*.

Brandy-Face.

Bai brun, né chez M. G. Osborne, en 1844, par Inheritor et Tiffany. Importé en 1850.

Ce cheval fut réclamé aux courses de Boulogne, en 1850, par M. Gayot, pour la somme de 7,000 fr., à lord William Powlett. Il fut d'abord placé à Pompadour, puis à Rodez en 1851, où il resta jusqu'en 1860, époque de sa réforme.

Brandy-Face avait d'assez bonnes performances ; il avait gagné sept courses dans de bonnes conditions. Ses membres étaient d'une netteté remarquable, quoiqu'un peu légers. On lui reprochait un dos un peu long et pas assez de puissance dans l'ensemble. Il a donné de bons produits de demi-sang, mais il s'est peu reproduit dans la race pure, et l'on ne voit pas qu'aucun de ses poulains se soit distingué dans les courses, si ce n'est *Young-Brandy-Face*, à M. Loiseau, qui compte de nombreuses victoires dans le Midi.

Chesterfield-Junior.

Alezan, né en 1844, par Chesterfield et Glaucus-Mare. Importé en 1849; réformé en 1860.

Ce cheval fut acheté en Angleterre par M. Perrot de Thannberg, pour le prix de 9,000 fr.

Placé au Pin en 1851, envoyé à Strasbourg en 1854, à Rosières en 1855.

Ce cheval, d'un bon modèle et d'une ampleur peu commune, laissait à désirer dans ses membres ; ses avant-bras étaient grêles et ses jarrets médiocres. Cependant, sans son poil alezan clair, il eût été assez estimé en Normandie pour le croisement. Il a laissé plusieurs produits de pur sang, dont une poulinière passable et un bon cheval, *Baronnet*, dont la mère, du reste, avait été revue par Baron, auquel probablement le produit doit être attribué.

The-Cossack.

Alezan, né en 1844, chez M. Ewes, dans le Northamtonshire, par Hetman-Platoff et Joannina, par Priam.

Ce cheval fut acheté en Angleterre par M. de Saunhac en 1854, et placé au dépôt des remontes de Paris, où il est resté jusqu'en 1861, puis envoyé au Pin en 1862.

Les performances de Cossack sont excellentes ; à deux ans il courut une fois sans gagner ; à trois ans il gagna le Newmarket-stakes, battant *War-Eagle*. Cette course, dit-on, a été fournie en une minute quarante-quatre secondes pour un mille anglais (1,600 mètres), vitesse qui n'a jamais peut-être été dépassée. Mais sa course par excellence fut le Derby d'Epsom, où il battit *War-Eagle*, *Van-Tromp* et *Coyngham*, chevaux d'un mérite hors ligne ; non-seulement il gagna avec facilité, mais il fit le jeu tout le temps du parcours, ce qui ne s'était peut-être jamais vu dans un Derby.

Depuis cette victoire, qui eut lieu en 1847, Cossack n'a pas obtenu un seul succès, quoiqu'il soit resté à l'entraînement jusqu'en 1852. Il fut battu dans le Saint-Léger, par *Van-Tromp*, qui le battit de nouveau, deux fois à quatre ans et une fois à cinq ans. Jamais meilleur cheval ne fut plus malheureux dans ses engagements ; toujours second avec *Van-Tromp, Canezou, Malton, Nancy*, les meilleurs chevaux de son temps, il fit preuve, cependant, d'autant de vitesse que de fonds et de résistance ; c'est ainsi que, dans le Chester-Cup il fut battu d'une encolure par Malton, en lui rendant 33 livres. Dans la course de Good-Wood il arriva à une tête de la jument Nancy. (Voir la 1re partie, page 125.)

Cossack est un étalon très-remarquable comme conformation ; ce cheval n'est pas établi dans les grands types, aussi lui faut-il des conditions spéciales pour se bien reproduire ; mais il a toutes les qualités qui font le bon père ; il est parfaitement net, plein de distinction et de sang ; ses membres sont d'une haute élégance, ses directions articulaires magnifiques, et ses tissus fins et soyeux.

Son plus grand défaut est de donner peu de poulains ; aussi, son séjour à Paris ne lui a-t-il pas acquis une haute réputation. Ses meilleurs produits, jusqu'ici, sont *La Diva Topsy* et peut-être *Stradella*. La monte qu'il a faite au haras de Victot, chez M. Aumont, en 1862, où il a de bonnes juments dans de bonnes conditions, le fera mieux juger comme producteur.

Assault.

Bai, né chez lord Westminster, en 1845, par Touchstone et Ghuznee. Importé en 1851.

Ce cheval fut acheté en Angleterre pour le compte de l'Institut agronomique de Versailles, et cédé à l'Administration des Haras en 1852 ; il fut placé à Paris, où il est resté deux ans, puis envoyé à Saint-Lo, où il est mort en 1861.

Ce cheval avait eu, à deux ans, des courses magnifiques ; il avait gagné quatre prix : le New-Stakes à Ascot, et les grands prix de son âge à Doncaster. Devenu boiteux, il ne put courir les années suivantes.

Assault était un beau modèle d'étalon ; de taille moyenne, d'un ensemble parfait et d'une force de membres remarquable ; ses extrémités antérieures portaient la trace des fatigues prématurées qu'on lui avait fait subir.

Cet excellent cheval n'a pas été employé comme il le méritait ; il n'a eu qu'un très-petit nombre de juments de pur sang, et la plupart dans de mauvaises conditions. Dans le Cotentin, où il a fait la monte pendant six ans, il n'a eu presque uniquement que des juments de demi-sang, avec lesquelles il s'est parfaitement reproduit. Cependant, il a donné quelques chevaux de course, entre autres *Orsa* et *Passiflore*. Une de ses filles, *Lady-Sadler*, est mère de *Palestro*.

Malton.

Bai, né chez M. W. Scott, en 1845, par Sheet-Anchor et Fair-Helen.

Ce cheval fut acheté en Angleterre par M. le baron de Nexon, et revendu par lui à l'Administration pour la somme de 14,000 francs.

Malton fut envoyé à Pompadour en 1853, où il mourut en 1859.

Malton avait très-honorablement couru ; sur dix courses il avait remporté trois victoires, et était arrivé deux fois second, battant de très-bons chevaux. C'était un joli cheval, plein de distinction, avec un très-beau dessus et de bonnes lignes ; on lui reprochait le peu de profondeur de sa poitrine et la légèreté de ses membres. Il a laissé un assez grand nombre de produits de pur sang, parmi lesquels on distingue : *Finery*, *Ruth*, *Accroche-Cœur*, *Don-Paës*, *Sylvain*, *Black-Eyes*, et surtout *Bissextil*, très-bons chevaux des courses du Midi.

Schamyl.

Bai, né en Irlande en 1845, par Rough-Robin et Kate-Kearney. Importé en 1851.

Acheté en Angleterre par M. Perrot de Thannberg pour la somme de 5,520 francs.

Ce cheval fut placé d'abord au haras du Pin en 1852, où il est resté jusqu'à ce jour.

Schamyl est un étalon inférieur; il a pour lui beaucoup de régularité et d'ensemble, mais ses membres sont médiocres et sa poitrine est peu profonde. Il s'est mal reproduit dans la race pure, mais il a donné de bons produits de demi-sang et plusieurs trotteurs remarquables, entre autres : *La-Bonne*, à M. Joubin, *Fridoline*, à M. Tiercelin, et plusieurs autres.

Schylock.

Bai brun, né en Angleterre en 1845, par Simoun et The-Queen. Importé en 1849.

Ce cheval, acheté en Angleterre par M. Perrot de Thanberg, pour la somme de 18,053 francs, fut placé au dépôt d'Angers, où il est resté jusqu'à ce jour.

Schilock a bien couru à deux ans, et à trois ans fut troisième au Derby; il remporta encore un prix à cinq ans, battant d'assez bons chevaux. Les performances sont donc convenables.

C'est un cheval de taille moyenne, assez bon dans son corps, mais médiocre dans ses membres, et surtout dans ses jarrets.

Il n'a pas été apprécié par les éleveurs de chevaux de pur sang, et n'a guère été employé qu'avec le demi-sang. Il a donné de bons chevaux de service.

Tragedian.

Bai clair, né chez M. Philipps, en 1845, par Sir-Isaac et Fanny-Kemble.

Acheté en Angleterre par M. de Laplace, pour 2,107 francs. Il fut placé à Aurillac en 1848, où il est resté jusqu'en 1856, pour aller à Cluny jusqu'en 1861, époque où il fut renvoyé à Aurillac.

Malgré ses imperfections ce cheval est bâti en père; belle tête, belle encolure, beaux membres, bonnes allures; les reins n'ont pas assez de soutien et laissent à désirer dans leurs muscles.

Ce cheval, très-propre au croisement, a donné de bons chevaux de service. Parmi ses produits de pur sang on cite *Capucin*, bon cheval du Midi.

Calderstone.

Bai, né en 1846, par Touchstone et Caroline. Importé en 1851.

Ce cheval fut acheté en Angleterre par M. Perrot de Thannberg, et placé au haras du Pin en 1851, à Pau en 1858, et à Cluny en 1862.

Distingué dans sa tête et dans son encolure, ses lignes sont bonnes, mais ses membres sont un peu légers. Il s'est bien reproduit en Normandie, comme cheval de croisement. Il a donné, jusqu'à présent, trois produits de pur sang qui n'ont pas eu de réputation.

Nunnykirk.

Bai-brun, né en 1846, par Touchstone et Besswing. Réformé en 1862.

Ce cheval fut acheté en 1850 par M. Perrot de Thannberg, et placé à Pompadour, en 1851; il revint à Paris en 1852, fut envoyé à Libourne en 1856 et au Pin en 1858.

Les performances de Nunnykirk sont bonnes ; à trois ans il remporta deux prix, dont les 2,000 guinées de Newmarket, et fut second au grand Saint-Léger gagné par Flying Dutchman.

C'est un beau et fort cheval, très-puissant dans tout son ensemble, mais qui pèche un peu par la distinction et la finesse des tissus; son rein s'est plongé avec l'âge, et, comme beaucoup de sujets de la famille des Touchstone, il paraît atteint d'une vieillesse précoce. Son plus grand défaut est, d'ailleurs, son peu de fécondité. Il s'est bien reproduit sous le rapport des qualités. On cite parmi sa descendance plusieurs chevaux d'un grand mérite, entre autres : *Cendrillon*, *Black-Brown*, *Potocki*, *Cagliostro*, *Fille-de-Marbre*, *Lisiscote*, *Noble* et *Mademoiselle-Jenny*.

Strongbow.

Bai brun, né en Angleterre, par Touchstone et Miss-Bow. Importé en 1852.

Ce cheval fut acheté par M. Ernest Leroy pour la somme de 7,605 francs, et placé dès son arrivée au dépôt d'Angers, où il resta jusqu'en 1861, époque à laquelle il fut envoyé au dépôt de Napoléon-Vendée.

Strongbow a de très-honorables performances; à trois ans il gagna dix prix à Liverpool, Doncaster et Newmarket ; à quatre ans, trois prix ; et à cinq ans, trois prix, dont la coupe d'Ascot, de 1,000 livres.

Ce cheval, comme la plupart des descendants de Touchstone, a beaucoup de force et de gros, mais il laisse à désirer dans la finesse des tissus et la distinction de l'ensemble. Son épaule est un peu ronde et ses membres sont un peu légers, mais il a la prestance d'un père et des lignes satisfaisantes.

Un peu discuté dans l'Anjou, il n'a pas toujours eu de bonnes juments ni en assez grand nombre pour pouvoir être bien jugé comme reproducteur; cependant, il a donné plusieurs produits remarquables, entre autres : *Dardanus*, *Ninette*, *Biribi* et *Darius*, vainqueur du Derby de l'Ouest.

Volcano.

Bai, né en 1846, par Vulcain et Mansfield-Lost. Importé en 1849 ; mort en 1852.

Ce cheval fut acheté en Angleterre par M. Perrot de Thannberg, et placé, dès son arrivée, au haras du Pin, où il est resté jusqu'à sa mort.

Volcano était un étalon médiocre; il avait beaucoup de taille et d'assez belles lignes, mais ses membres étaient du dernier grêle, et ses jarrets étaient défigurés par des jardons et des éparvins. Ce cheval, comme on devait s'y attendre, s'est fort mal reproduit en demi-sang. Il a laissé six produits de pur sang, parmi lesquels trois pouliches qui, bien que peu remarquables par elles-mêmes, accouplées à de bons chevaux, se sont bien reproduites, entre autres : *Pauline*, mère de *Fille-de-l'Air*, et *Victorine*, mère d'*Hirma*. Il est vrai que ces deux poulinières ont été élevées dans d'excellentes conditions, et ont chacune quatre générations d'indigénat maternel, savoir : Pauline, par Bathilde, par Odine, par Miss-Ann, Anglaise; Victorine, par Colombine, par Feuille-Chêne, par The-Shrew, Anglaise.

The-Flying-Dutchman.

Bai brun, né chez M. Vansisart (Yorkshire) en 1846, par Bay-Middleton, et Barbelle, par Sandbeck.

Ce cheval fut acheté en Angleterre, en 1859, par M. du Taya, et placé au dépôt des remontes de Paris, où il est resté jusqu'à ce jour.

Flying-Dutchman n'a jamais été battu, si ce n'est une seule fois par Voltigeur; mais on prétend que ce fut la faute du jockey; ce qui le ferait croire, c'est que quelques jours après, il battit à son tour Voltigeur d'une bonne longueur. (Voir pour les performances et autres détails la Ire partie, page 127.)

Ce cheval, qui a conquis par ses courses une immense célébrité, réunit le sang d'*Orville* et de *Caton* à un double croisement de celui de *Sélim*. Il joint donc aux garanties d'un fond hors ligne celles de la plus grande vitesse. Si sa conformation répondait à ses performances et à son origine, Flying-Dutchman serait, sans nul doute, un des animaux les plus merveilleux que la nature ait produits. Malheureusement il n'en est pas ainsi, et il est à craindre que, s'il n'est pas accouplé avec soin et dans de bonnes conditions, on ne voie reparaître avec exagération des défauts qui finiraient par nuire à la puissance de l'organisme.

Flying-Dutchman était compté en Angleterre parmi les premiers étalons de son époque, et venait immédiatement, comme reproducteur, après Orlando, Melbourne, Birdcatcher et Touchstone.

En France on ne peut pas encore se former une opinion bien assise sur le mérite relatif de sa descendance; peut-être aussi les mères qui lui ont été conduites n'étaient-elles pas placées dans les conditions les plus favorables à la bonne production; quoi qu'il en soit, plusieurs de ses poulains donnent des espérances fondées, et il ne faut pas douter que ce précieux reproducteur ne prenne par suite une grande importance dans l'histoire du turf français.

The-Ban.

Bai, né en 1848, par Don-John et Young-Defiance. Importé en 1852.

Ce cheval fut acheté en Angleterre, par M. Ernest Leroy, pour la somme de 10,140 francs, et placé, dès son arrivée, au dépôt de Tarbes jusqu'en 1859, époque à laquelle il vint à Aurillac, puis à Angers en 1862.

The-Ban a des performances remarquables; à deux ans il remporta un des grands prix de son âge, battant d'excellents chevaux; à trois ans il gagna le métropolitan-stakes à Epsom, et la coupe de Doncaster; à quatre ans deux prix à New-market dans de bonnes conditions.

The-Ban est un cheval léger, mais d'une distinction parfaite et du plus gracieux ensemble; il est fort regrettable que cet étalon précieux n'ait pas été plus et mieux employé; il est à présumer que, dans ce cas, il se fût fait un nom en rapport avec son origine, ses performances et sa conformation. Il n'a eu, jusqu'à présent, que deux produits de pur sang, dont une poulinière.

Hernandez.

Bai brun, né en 1848, par Pantaloon et Black-Bess. Importé en 1853; réformé en 1862.

Ce cheval fut acheté par M. le comte d'Hédouville, pour le compte de l'Administration des Haras, et placé au dépôt d'étalons d'Angers. Il fut envoyé à Blois en 1855, et revint à Angers en 1858, où il a été réformé en 1862.

Hernandez a de très-belles performances; il a gagné de grands prix, battant de bons chevaux, entre autres les 2,000 guinées à Newmarket. Mais c'était un cheval très-léger, enlevé, grêle de membres, et tout à fait dépourvu des qualités plastiques qui constituent l'étalon. Toutefois, comme on lui a donné de bonnes juments, il a produit plusieurs vainqueurs, parmi lesquels on cite : *Arcole*, *Carline*, *Molandon*, *Solange*, *Brisk*, etc.

The-Nabob.

Noir, né en 1849, par The-Nob et Hester. Importé en 1857. Ce cheval fut acheté en Angleterre par M. Schickler, et placé à Chevilly, près Paris, où il fait la monte comme étalon approuvé, à raison de 500 francs par jument.

The-Nabob a de belles performances; il gagna trois prix à Newmarket, à l'âge de trois ans, dans de bonnes conditions.

C'est un cheval d'un très-bel ensemble et de beaucoup de distinction. Il est bâti en père et a prouvé son mérite comme reproducteur. Plusieurs de ses poulains se sont bien montrés dans les courses; nous citerons : *Choisy-le-Roi*, *Sauterelle*, *Young-Nabob*, et surtout *Bois-Roussel* et *Vermouth*, deux chevaux de tête de 1864.

Ethelwof.

Bai brun, né en 1849, en Irlande, par Faugh-a-Ballagh et Espoir, par Liverpool. Introduit en 1856.

Ce cheval, acheté en Angleterre par M. du Taya, a été placé, dès son arrivée, au dépôt de Tarbes, puis à Pau en 1859, où il est encore.

Sans avoir des performances remarquables, Ethelwolf compte plusieurs victoires ; à deux ans il gagna deux prix, et trois l'année suivante, battant de bons chevaux.

Ethelwof est d'une taille moyenne et d'une jolie conformation ; son rein est large, sa poitrine profonde, son arrière-main très-puissante et ses membres nets. On lui reproche avec raison une encolure courte et la légèreté de ses membres antérieurs. C'est, en somme, un étalon très-propre au croisement dans le Midi, et qui pourrait convenir à la reproduction du pur sang. Plusieurs de ses poulains, entre autres *Solferino*, se sont bien montrés dans les courses du Midi.

Buckthorn.

Bai, né en 1849, par Venisson et Zeïla, par Emilius.

Ce cheval fut acheté en Angleterre par M. de Taya, et vint en France en 1855 ; il fut d'abord placé au haras du Pin ; puis, en 1856, au dépôt d'étalons de Saint-Lô, au dépôt de Blois en 1858, et à Braisnes en 1861.

A deux ans Buckthorn courut trois fois et fut bien placé deux fois, second avec *Litte-Savage*, à Winchester. A trois ans il courut neuf fois, et fut six fois vainqueur dans des courses bien disputées. A quatre ans il courut six fois. Il fut vainqueur à Ascot-Heath, battant un champ nombreux et bien composé ; second à Salisbury dans deux courses, l'une gagnée par *Defiance*, l'autre par Weathergage.

Buckthorn est un cheval d'une haute distinction et d'une assez forte charpente ; il a de l'ensemble, un très-beau dessus et une grande puissance dans l'arrière-main ; ses membres, sans être forts, sont d'une bonne nature et d'une grande netteté. On peut lui reprocher des épaules un peu droites et pas assez de profondeur de poitrine, défaut qui se retrouve souvent dans la famille des Venisson, et qui n'entrave pas la vitesse quand il est compensé par une largeur suffisante.

Jusqu'à présent ce cheval s'est peu reproduit dans le pur sang. On cite parmi ses meilleurs produits *Pierrefonds* et *Reindeer*.

Richemont.

Bai, né en 1849, par Melbourne et la Femme-Sage. Importé en 1853; mort en 1856. Ce cheval fut acheté en Angleterre par M. d'Hédouville, et placé au dépôt de Tarbes à son arrivée jusqu'à sa mort, en 1856.

Ce cheval a eu peu de succès dans les courses; il n'a couru qu'à trois ans, et a gagné une fois seulement.

Richemont manque dans sa conformation, et surtout dans ses membres antérieurs et ses jarrets; cependant, on l'avait jugé digne de la reproduction de pur sang, puisqu'en trois ans il avait obtenu vingt-deux produits. Mais ses poulains n'ont pas répondu à l'espoir qu'on avait mis en lui, et deux seulement, *Right* et *Léonie*, ont obtenu quelques légers succès dans les courses du Midi.

Womersley.

Bai, né en 1849, par Irish-Birdcatcher et Cinizelli. Importé en 1853.

Ce cheval fut acheté en Angleterre, par M. d'Hédouville, pour la somme de 7,942 francs, et placé à Pompadour à son arrivée, à Paris en 1857, et à Angers en 1859.

Womersley est de taille moyenne; son ensemble est remarquable, et ses lignes sont généralement belles; il est un peu plat dans ses côtes et dans ses hanches, et laisse à désirer dans ses jarrets et la direction de son épaule, mais il est établi en père, et sa façon de se reproduire atteste la puissance de son organisation. Womersley s'est placé un instant parmi les meilleurs étalons de France par plusieurs de ses produits, parmi lesquels nous citerons : *Baliverne, Barbe-d'Or, Beau-Sire, Gemma, Naughty-Boy,* et surtout *Marignan*, célèbre par les victoires qu'il a remportées en Angleterre à l'âge de deux ans, et sa belle conformation d'étalon. Plus tard, il fut reconnu que ses poulains avaient plus de vitesse que de fond, et souvent des caractères difficiles et d'une grande inégalité. Il est probable que ce cheval ne se relèvera pas du discrédit qui pèse sur lui en ce moment.

Elthiron.

Né en Angleterre en 1849, par Pantaloon et Phryné. Importé en 1853.

Ce cheval fut acheté, par M. Ernest Leroy, pour la somme de 12,675 francs, et placé, à son arrivée, au dépôt de Braisne, puis envoyé au haras de Pompadour en 1860.

Elthiron a de très-beaux succès de courses ; il courut jusqu'à l'âge de six ans, et fut dix-huit fois vainqueur de prix importants et battant de bons chevaux.

Ce cheval est d'une conformation médiocre, et laisse beaucoup à désirer dans ses membres ; cependant il produit, en général, bon et fort ; il a remplacé Nuncio au Fay, et a eu le bonheur d'être accouplé avec de bonnes juments dans d'excellentes conditions, ce qui a beaucoup aidé à sa réputation comme père. On cite parmi ses nombreux produits : *Beauvais, Bochet, Deviator, Biancourt, Gisors, Pâquerette, Phare, Balagny, Furens, Mathilda, Fidelity, Page.*

Grey-Tomy.

Gris, né en Angleterre en 1849, par Sleight-of-Hand et une Comus-Mare. Importé en 1856.

Ce cheval fut acheté par M. de Saunhac, et placé au dépôt de Tarbes en 1856. Il y est resté jusqu'à ce jour.

Grey-Tomy est le seul cheval gris de pur sang qui soit en France. Autrefois ce poil était fort commun dans cette race, mais il s'efface à mesure que disparaît de plus en plus l'influence créatrice du sang arabe. Ce cheval a de la force, de beaux membres, des lignes, mais on lui reproche la longueur de son rein. Il se reproduit bien en demi-sang, et a donné quelques poulains de pur sang, mais qui, jusqu'à présent, n'ont pas eu de succès dans les courses.

Sharavogue.

Bai, né en Irlande en 1849, par Fresney et Shylock-Mare.

Ce cheval, acheté par M. du Taya en 1856, a été placé au dépôt d'étalons de Saint-Lô, où il est resté jusqu'à ce jour.

Sharavogue est d'une puissante nature et annonce beaucoup de sang; son dessus est bon et son arrière-main bien développée, son épaule bien placée, quoiqu'un peu courte; son encolure est longue et gracieuse, et sa tête d'une belle expression; mais si ses membres antérieurs sont forts et bien dessinés, les postérieurs n'ont pas tout l'aplomb désirable; ses jarrets ne sont pas nets, les jardons sont apparents.

Ce cheval, qui, comme on l'a vu, a de belles performances, est d'un sang rare et tout à fait séparé des autres familles qui dominent maintenant sur le turf, et dont les principales sont les Touchstone et les Birdcatcher. Il serait très-opportun d'essayer son croisement avec des races trop entachées de consanguinité; mais, malheureusement, personne ne veut faire des essais souvent coûteux, et tout le monde vit au jour le jour. Quoi qu'il en soit, voici le sang de Sharavogue qui, comme on le voit, remonte aux plus belles sources des familles d'Irlande :

Le père de Sharavogue, Fresney, sa mère Shylock-Mare. Le père de Fresney, Russer, par Quitz, sa mère Promise, sœur de Partisan par Walton. Le père de Shylock-Mare Shylock, sa mère Fenella par Master-Goodall, par Sir-Salomon, et Friendly par Tom-Tug.

Weathergage.

Bai, né en 1849, par Weatherbit, et Tauriera par Taurus. Ce cheval a été acheté par M. le baron de Nexon, qui lui a fait faire la monte pendant deux ans à son haras, à Nexon.

Acheté par l'Administration des Haras en 1858, pour le prix de 30,000 francs, il fut placé au haras de Pompadour, où il est mort en 1860.

Ce cheval avait de très-belles performances ; il fut treize fois vainqueur et huit fois second. (Voir la 1re partie, page 130.)

Weathergage était un joli étalon d'une gracieuse conformation, mais il avait les lignes courtes ; il était un peu enlevé, et sa poitrine manquait de profondeur.

Il ne s'est pas distingué comme producteur ; on cite parmi ses meilleurs produits : *Bechevel*, *Butterfly*, *Encore-Un*, *Endetcha* et *Utinam*.

West-Australian.

Bai, né en 1850, chez M. Bowes, par Melbourne et Morwerina par Touchstone.

Ce cheval a été acheté pour le compte de M. le duc de Morny, et placé au haras de Viroflay, où il fait la monte à raison de 500 francs par jument.

West-Australian a de très-belles performances ; il est du très-petit nombre de chevaux qui ont gagné à la fois le Derby et le Saint-Léger, savoir : Champion en 1800, Surplice en 1848, Voltigeur en 1850, West-Australian en 1853. (Voir pour les autres détails le Ier volume, page 131.)

La conformation de West-Australian laisse peu à désirer, c'est un des plus beaux chevaux que l'on puisse voir ; sa charpente est forte et puissante, ses lignes superbes, sa poitrine, ses épaules, son dessus, ses quartiers tout magnifiques. On ne peut lui reprocher qu'un peu de légèreté dans les muscles de l'avant-bras et dans ceux de la cuisse, ainsi qu'un peu de rondeur dans les articulations antérieures ; ses jarrets pourraient aussi être d'une meilleure coupe et plus nets, et sa tête pourrait être plus légère et plus expressive ; quoi qu'il en soit, c'est un étalon d'un haut mérite et dont la belle conformation égale les succès sur le turf.

Sous le rapport de la reproduction, on se loue beaucoup de la force et de la beauté de ses descendants ; mais jusqu'ici peu d'entre eux se sont signalés par de grands succès d'hippodrome. Si ce cheval était placé dans de bonnes conditions, en Normandie, par exemple, il est à croire qu'il prendrait rang parmi les meilleurs reproducteurs de France.

ÉTALONS DE PUR SANG

NÉS EN FRANCE

Sylvio.

Bai brun, né au haras de Meudon, en 1826, par Trance et Hébé par Rubens.

Ce cheval fut acheté, en 1834, par l'administration des Haras, pour le prix de 9,000 fr. Il avait passé, en sortant de Meudon, par les mains de plusieurs propriétaires. Il fit la monte en 1833, chez M. Ernest Leroy et chez M. Legigan, et fut placé ensuite au haras du Pin, où il est resté jusqu'à sa mort.

Sylvio courut à l'âge de trois ans, en 1829, et gagna un prix de 1,200 francs, à Paris, au nom de M. le duc de Guiche. En 1830, il gagna le prix principal, de 2,000 francs, et le prix du Roi, de 4,000 francs, au nom du comte d'Orsay, battant cinq autres chevaux.

Sylvio était un élève du haras de Meudon, dirigé alors par M. le duc de Guiche au nom du duc d'Angoulême. C'est un des meilleurs chevaux qu'ait produits la France. C'était un animal d'une grande force et d'une constitution herculéenne ; sa tête était un peu forte; sa poitrine était peu profonde, comme celle de beaucoup de chevaux d'une grande vitesse, et ses jarrets étaient un peu droits, mais son ensemble était magnifique, son encolure gracieuse, son épaule superbe, ses hanches fortes et longues ; ses membres surtout étaient d'une largeur et d'un aplomb remarquables, et leur netteté ne laissait rien à désirer. On lui a reproché des pieds légèrement encastelés, défaut qu'il a quelquefois donné à ses produits, mais il est à remaquer que cet inconvénient ne s'est manifesté que lorsque ses produits sont nés hors de la Normandie, où il a laissé une nombreuse descendance, parfaitement exempte de cette défectuosité. Sylvio était, en somme, un très-beau cheval et un excellent étalon, qui s'est magnifiquement reproduit. Il a laissé cinquante-trois produits de pur sang ; on distingue parmi les poulinières *Pécora, Marionnette*, *Fretillon*, *Lady-Fashion*, mère de *Porthos*, vainqueur du Derby, et parmi les étalons, *Ramsay*, *Mastrillo*, *Bravo*, *Donquichotte*, *Sylvino*, *Rabelais*, et plusieurs autres qui font regretter que ce précieux reproducteur n'ait pas été plus employé avec de pur sang; mais à l'époque où il vivait on ne pouvait se faire l'idée qu'un étalon français valût grand'chose. En demi-sang, Sylvio a laissé une descendance considérable, et ses produits se distinguent par leur conformation, leurs qualités et surtout leur excellent tempérament ; c'est un des étalons qui ont marqué le plus profondément dans la production du cheval normand. On cite parmi ses produits de demi-sang le trotteur *Sylvio*, à M. le marquis de Croix, célèbre par sa beauté plastique et ses belles performances.

On se demande pourquoi Sylvio, par sa force, sa prestance, ses longueurs articulaires et son ensemble, se distinguait principalement des chevaux élevés dans les environs de Paris? C'est que ce cheval avait été élevé à l'herbage jusqu'à près de trois ans, et qu'à cette époque les prairies de Meudon avaient encore leur herbe naturelle et n'avaient pas subi *l'amélioration* qu'on leur a imposée depuis. Sylvio avait été élevé comme le sont les chevaux dans le Yorkshire, comme l'administration des Haras élevait les siens au haras du Pin, et comme, plus tard, M. Aumont suivit cet exemple à Victot. Un lait naturel, abondant et nutritif, un herbagement long et succulent développent chez le poulain des prédispositions qui s'étiolent et disparaissent chez ceux qui sont élevés à l'écurie ou dans des pacages sans saveur. L'élevage de Meudon était alors excellent et les produits de cette époque, tels que *Gleane*, *Nell*, *Nautilus*, etc., le prouvent mathématiquement.

Yg Snaïl.

Bai, par Snaïl et Comus Mare, né au haras du Pin en 1827.

Ce cheval fit la monte de 1831 à 1833 au dépôt d'étalons de Lamballe, de 1834 à 1843 au dépôt de Langonnet, et à Saint-Lô de 1844 à 1846, époque de sa mort.

Yg Snaïl n'a pas couru. Il fut élevé au haras du Pin, et ne fut soumis à aucun entraînement. Ce cheval offrait le plus gracieux ensemble : il était près de terre, de taille moyenne et doué d'admirables longueurs. Ses membres étaient forts et distingués, ses tendons bien détachés, sa tête belle et expressive. On pouvait lui reprocher sa côte un peu plate, ce qui tenait à la difficulté qu'il avait à se nourrir, ayant eu la langue coupée dans son jeune âge.

Yg Snaïl était un type précieux pour produire le cheval de demi-sang et croiser les fortes juments. Sorti de *Comus Mare* et avec ses qualités, il eût été à désirer qu'il se fût reproduit avec de bonnes juments de pur sang, mais il n'a eu que trois poulains de cette race dans des conditions médiocres. L'un deux est cependant devenu bon étalon de croisement. Mais ses poulains de demi-sang lui ont fait en Bretagne une éternelle réputation. On cite parmi eux des chevaux d'un grand mérite, entre autres la jument *Darling*, à M. de Lescouet, qui s'est montrée avec une grande supériorité dans les courses bretonnes, soit au galop, soit au trot, soit dans les courses d'obstacles, battant souvent de bons chevaux de pur sang.

Yg Snaïl doit être compté parmi les produits les plus remarquables du haras du Pin ; c'était un de ces types de chevaux qu'on ne retrouve plus maintenant.

Félix.

Bai, né au haras de Viroflay, chez M. Rieussec, en 1828, par Raimbow et Yg Folly par Asmodeus.

Félix fit d'abord la monte, à Viroflay, de 1834 à 1844. Acheté à cette époque par l'administration des Haras, il fut réformé en 1848.

Félix gagna, en 1832, trois prix, dont un prix d'arrondissement de 1,2200 francs; le prix du Prince Impérial, de 3,000 francs; enfin un pari de 1,200 francs. En 1833, il remporta le grand prix Royal de 12,200 francs, pour lequel il déploya une vitesse encore inconnue sur le turf français.

La conformation de Félix était forte et régulière ; il tenait de son père une puissance musculaire remarquable, de larges membres et d'excellents pieds. Il était parfaitement net de tares, et son caractère était de la plus grande douceur, qualité qui n'est pas sans importance dans un bon reproducteur, et à laquelle on ne fait pas assez attention. C'était, en somme, un bel et précieux étalon, qui a eu le malheur, comme tant d'autres, de ne pas être apprécié selon son mérite.

Félix a laissé seize produits de pur sang, parmi lesquels on eût pu trouver de bonnes poulinières, mais qui presque toutes ont été placées dans de mauvaises conditions.

Deucalion.

Bai, né en 1828, chez M. le duc d'Escars, par Trance et Reading Lass par Orville.

Deucalion fit la monte chez M. le duc d'Escars, à son haras près Poitiers, et mourut en 1845.

Ce cheval n'a pas couru. Sa conformation était élégante et distinguée, mais il était plat et enlevé, ce qui tenait aux conditions de son élevage. Il a laissé quarante produits de pur sang ; aucun ne s'est distingué d'une manière spéciale, soit dans les courses, soit dans la reproduction.

Frivole.

Gris, né au haras du Pin, en 1828, par Tigris et Nichab.

Frivole fut placé au dépôt de Pau en 1833, où il resta jusqu'à sa mort, en 1849.

Ce cheval ne fut point entraîné, et reçut seulement l'éducation que l'on donnait alors dans les haras, c'est-à-dire travail journalier, comme dressage du cheval de selle, et ample nourriture.

C'était un joli cheval, d'une charmante conformation et du plus gracieux ensemble ; il était près de terre, sa tête était admirable d'expression, ses membres étaient irréprochables et ses lignes superbes. Ce cheval, quoique de petite taille, avait tous les caractères du véritable étalon.

Frivole n'a laissé que six produits de pur sang, qui se sont éteints sans presque avoir laissé de traces, faute d'avoir pu prendre place aux courses réservées aux chevaux de pur sang. Si les poids se déterminaient par la taille des concurrents, comme cela s'est fait pendant longtemps en Angleterre, ce cheval, né du sang le plus illustre, puisqu'il réunissait la fleur du sang anglais au plus pur sang de l'Orient, aurait pu devenir la souche d'une race pure régénérée, fort précieuse pour le Midi, mais ses poulains, de petite taille en général, n'ont pu réussir contre des chevaux plus grands, plus enlevés, plus grêles, mais qui avaient pour eux cette vitesse factice qui ne prouve pas toujours la bonne et saine organisation. Cette remarque, faite en passant, peut s'appliquer à un grand nombre d'autres produits anglo-arabes qui, depuis cinquante ans, ont été perdus pour l'amélioration des races françaises, et dont un jour, quand la science sera plus avancée, on regrettera la perte.

Frivole est un des chevaux qui ont laissé le plus de souvenirs dans les Pyrénées, comme reproducteur du cheval de demi-sang : tous ses descendants sont remarquables par leur cachet, leur distinction et leurs brillantes allures.

Hercule.

Alezan, né chez M. Rieussec, au Haras de Viroflay, en 1830, par Rainbow et Aimable par Élection.

Acheté par les Haras en 1846, il fut réformé en 1851. Hercule fit d'abord la monte au haras de Viroflay, en 1835. Ce cheval gagna, en 1833, le prix d'arrondissement de 1,500 francs, à Paris, et en 1834, appartenant à M. Rieussec, deux prix, l'un de 2,500 et l'autre de 5,000 fr. à Paris.

Hercule était un cheval d'un bel ensemble, doué de bons et forts membres, et d'un bon genre d'étalon. Il manquait un peu de distinction, ce qui semblait faire pencher sa destination plutôt vers le croisement qu'à la continuation du pur sang ; cependant il a donné vingt-cinq produits de cette race, au nombre desquels il s'est trouvé de bons chevaux. Entre autres *Peter*, qui s'est montré bon étalon ; *Lanterne*, mère de Fontaine ; *Rosita* et plusieurs autres juments d'une belle et forte conformation, qui auraient pu faire de bonnes poulinières sans la déplorable manie que l'on avait alors de préférer les juments étrangères aux juments nées en France.

Fra-Diavolo.

Bai, né chez M. Crémieux, en 1830, par Filho-da-Puta et Ténériffe par Blacklock. — Ce cheval fut placé par son propriétaire, en 1838 et 1839, dans la Haute-Vienne. Acheté par les Haras en 1841, il fut employé à Libourne et réformé en 1849.

En 1833, appartenant à lord Seymour, il gagna deux poules de produits de 5,000 fr. et un prix de 1,230 fr. à Paris. En 1834, trois prix, un de 3,000 fr., le prix principal de 5,000 fr., le prix du Roi de 6,000 fr., et le vase d'argent, à Paris.

Il a laissé six produits, parmi lesquels Prétendante et Sylvain, mère de Lord-Spleen, se sont montrées bonnes poulinières.

Yg Reveller.

Bai brun, né au haras du Pin, en 1830, par Reveller et Scornful.

Ce cheval fut placé de 1834 à 1837, à Rodez, au Pin, de 1837 à 1838; il fut aussi envoyé à Aurillac jusqu'en 1840; il revint au Pin à cette époque jusqu'en 1843, puis il fut envoyé au dépôt de Saint-Lo, où il fut réformé en 1844.

Young Reveller vint en France dans le ventre de sa mère, il fut élevé au haras du Pin avec soin, mais, selon la coutume de l'époque, il n'eut qu'une faible ration d'avoine pendant les premières années, ce qui retarda son développement ; aussi le cheval fut-il le sujet d'un curieux phénomène. Envoyé comme étalon à Rodez, en 1834, c'était alors un jeune cheval d'un joli ensemble, près de terre, mais de petite taille, rond dans ses formes et court dans ses lignes. En 1837, il avait alors six ans, l'administration résolut de faire entraîner ce cheval pour le faire courir : l'entraînement le fit grandir de quatre centimètres, et changea sa conformation de façon à le rendre méconnaissable.

Sur la fin de sa vie, son dos était devenu très-plongé; il fut atteint de la fluxion périodique et réformé.

Ce cheval était d'une conformation admirable ; sa tête était légère et son encolure des plus gracieuses; ses membres étaient de la plus grande netteté, et ses hanches fortes et puissantes. On ne pouvait lui reprocher qu'un rein un peu long, ce qui tenait sans doute à son accroissement tardif.

Young Reveller a laissé neuf produits de pur sang, parmi lesquels *Black-Domino* et *Paul-de-Kock* font regretter qu'il n'ait pas obtenu un plus grand nombre de poulinières dans de bonnes conditions.

Ibis.

Bai, née en France, chez M. Rieussec, à Viroflay, en 1831, par Rainbow et Léopoldine.

Fit la monte chez M. Trewhitt en 1836.

Deux prix en 1834, l'un de 2,200 fr. l'autre, d'arrondissement de 2,000 fr, à Paris, et en 1835, 2,500 francs, à Paris.

Ce cheval était remarquable par sa force de membres; sa conformation était bonne sans avoir rien de saillant; on lui reprochait d'être un peu enlevé ; mais, tout compensé, c'était un bon étalon, que l'on n'a pas assez utilisé. Il a laissé vingt-cinq produits de pur sang, qui n'ont pas marqué dans la reproduction, ni comme étalons ni comme poulinières, si ce n'est *Isabelle*, mère de *Fadette*, assez bonne jument.

Ganges.

Bai, né en France, en 1831, par Tigris et Éléonor, Dick Andrews Mare.

Ce cheval, que nous ne ferons qu'indiquer puisqu'il fut conduit en Angleterre peu de temps après sa naissance, est une preuve de plus du peu d'intelligence hippique qui a toujours présidé à l'élevage français dans la production du pur sang. Tandis que l'excellent étalon Tigris était négligé par nos amateurs, son fils *Ganges*, importé poulain en Angleterre, y obtint de beaux succès de courses, et devint plus tard un étalon précieux, qui fut vendu au haras de Mecklembourg, où il se montra excellent reproducteur.

Franck.

Bai, né au haras de Glatigny, près Versailles, chez lord Seymour, en 1833, par Rainbow et Verona.

Il fut acheté, en 1836, par l'administration des Haras, et fit la monte à Angers de 1839 à 1842, et à Langonnet de 1842 jusqu'en 1850, époque de sa réforme.

Franck fut un des plus célèbres coureurs de son époque. Il a l'honneur d'être le premier cheval vainqueur du Derby français, qu'il gagna en 1836. La même année, il remporta le prix de la Société de 5,000 fr. à Chantilly; le prix de Viroflay 2,200; le prix de Buc de 1,200; le prix d'arrondissement de 2,000 fr.; le prix principal de 4,500 fr.; un autre prix principal de 3,500 fr.; le prix du duc d'Orléans; un vase et 2,000 fr. et un service à thé valeur 3,000 fr. à Versailles. En 1838, trois prix : 3,000 francs, prix du Cadran, 2,000 fr. prix des Haras, et 3,500 fr. le prix d'Orléans à Chantilly.

Franck était un joli cheval de taille moyenne, très-fortement établi ; sa tête était un peu forte et ses lignes courtes : il était bâti en père, mais plus propre au croisement qu'à la reproduction du pur sang.

Ce cheval a laissé vingt-cinq produits de pur sang, parmi lesquels on en cite peu de remarquables ; le meilleur de tous est un bon poney, *Carhaix*, qui a gagné un grand nombre de prix dans les courses de Bretagne, et qui s'est montré bon reproducteur de demi-sang.

Ali-Baba.

Bai, né au haras du Pin, en 1834, par Holbein et Cloton.

Ce cheval fut placé d'abord au haras de Rosières, en 1838, puis à Libourne en 1843, enfin à Pau en 1844, où il resta jusqu'à l'époque de sa mort.

En 1838, Ali-Baba, entraîné par les soins de l'aministration des Haras, gagna le prix d'arrondissement et le prix du Roi, à Paris, battant *Dulcinée* et *Oakstick*. Il fut consacré à la reproduction en 1838.

Ce cheval, doué d'une grande force et de superbes lignes, fut regardé comme un cheval de tête dans tous les établissements où il fut envoyé. Le Béarn lui doit un grand nombre de ses meilleures poulinières, et ses poulains de demi-sang se faisaient remarquer par leur ensemble, leur belle prestance et leurs qualités. Il en fut de même à Rosières, où il donna de magnifiques produits avec les juments du haras.

Ali-Baba a laissé quatre-vingt-deux produits de pur sang ; plusieurs se sont bien montrés dans des courses, et un grand nombre de ses filles sont devenues d'excellentes poulinières, entre autres : *Célestine*, *Liberté*, *Miss-Jenny*, *Mlle Béjard*, *Mlle Dangerville*, *Emilia*, *Mlle Clairon*, *Miss-Rubis*, *Euterpe*, *Mlle-de-Brie*, *Pointe-à-Pître*, *Nina*, *Dragée*, etc.

Jocko.

Bai, né en France, chez M. de la Bastide, en 1834, par Harlequin et Priestess.

Acheté par les Haras en 1841.

Fit la monte au haras de Pompadour, de 1841 à 1842, au Pin en 1843, et à Saint-Lo en 1847, où il fut réformé en 1859.

En 1839, il remporta deux prix, l'un d'arrondissement, de 2,500 fr., l'autre le prix principal de 4,000 fr., à Limoges.

La conformation de Jocko était belle et gracieuse ; il avait de la force et un excellent ensemble, mais il manquait un peu de lignes, comme la plupart des chevaux du Midi. Bâti en cheval de selle plutôt qu'en cheval de course, il était doué de toutes les qualités du bon reproducteur de croisement ; aussi s'est-il merveilleusement reproduit dans le demi-sang, et il a laissé en Normandie la réputation d'un bon et très-précieux étalon.

Jocko a laissé treize produits de pur sang, parmi lesquels *Stella* et *Tulipe* se sont montrées bonnes poulinières.

Eylau.

Bai, né au haras du Pin, en 1835, par Napoléon et Delphine par Massoud.

Entraîné, pour le compte de l'aministration des Haras, à l'âge de trois ans, il fut placé ensuite comme étalon au haras du Pin, où il fit la monte en 1840 et 1841, à Pompadour en 1842, puis il revint au Pin en 1843, où il resta jusqu'en

1851. Envoyé à Blois en 1852 et 1853, il vint à Saint-Lo, en 1854, où il resta jusqu'à sa mort, arrivée en 1860.

Les performances de ce cheval furent très-brillantes. Il fut toujours vainqueur dans les courses où il parut. En 1838, il remporta deux prix principaux à Paris, battant *Vendredi*, *Jéroboam*, et *Young-Sultan*; en 1839, il gagna le prix principal, battant *Roquencourt*, *Lantara* et plusieurs autres. Enfin il fut vainqueur la même année du grand prix Royal, battant *Nautilus*.

La conformation d'Eylau était des plus remarquables; il joignait à une parfaite harmonie et à l'ensemble le plus séduisant une grande force de membres et des lignes superbes. Son seul défaut, qu'il tenait de son grand-père Massoud, était, d'avoir la poitrine un peu remontée, mais elle était d'ailleurs large et bien musclée. Sa tête était admirable d'expression, et ses allures étaient splendides; son galop était naturellement cadencé et ses actions hautes et relevées. C'était, en un mot, le type achevé du bon cheval de pur sang anglais rajeuni par le sang arabe ; aussi était-il non-seulement bon cheval de course, mais encore propre par son liant et sa grâce à toutes les évolutions du cheval de selle le plus achevé. M. d'Aure, qui l'avait monté souvent, disait n'avoir jamais trouvé un cheval plus souple et plus fin.

Eylau s'est parfaitement reproduit dans le demi-sang, sa postérité se retrouve dans un grand nombre des meilleurs étalons et des plus excellentes poulinières de la Normandie, et l'un de ses fils, Noteur, est classé parmi les premiers reproducteurs de France.

Eylau a laissé trente produits de pur sang; mais, nés pour la plupart, dans de mauvaises conditions et écartés des courses par l'ancien règlement de la Société d'encouragement, qui proscrivait le sang arabe, ils sont presque tous passés au service et n'ont pu se faire un nom. Un très-petit nombre de ses filles ont été livrées à la reproduction ; on compte parmi elles: *Reine-de-Chypre*, *Fortification*, et *Lesbie*, mère de *Merimac*.

Friedland.

Bai, né au haras du Pin, en **1835** par Napoléon et Cloton.
Friedland fit la monte au haras du Pin, de **1839** à **1848**, et fut ensuite envoyé à Braisne, où il mourut.

Il remporta en **1848** un prix, course d'essai, à Paris.

Ce cheval était d'une haute taille et d'une grande élégance. Il était médiocre dans ses jarrets et dans ses articulations. De plus, il fut de bonne heure, comme presque tous les fils de *Cloton*, atteint de la pousse. Il a donné beaucoup de modèle et de genre à ses produits de demi-sang, mais presque toujours un mauvais tempérament.

Il a laissé vingt produits de pur sang, parmi lesquels on cite *Zille*, assez bonne poulinière, et surtout *Bienséance*, mère de *Festival*.

Nautilus.

Bai, né en France, au haras de Meudon, en **1835**, par Caddland et Victoria.

Nautilus fit la monte au haras de Meudon en **1843**, et fut acheté la même année par l'administration des Haras. Il fut ensuite placé à Tarbes en **1844** et **1845**, au Pin en **1846**, à Saint-Lo en **1847**, puis à Angers, à Libourne en **1852**, enfin à Lamballe en **1855**, où il est mort en **1860**.

Nautilus a de bonnes performances. Il gagna, en **1838**, le prix de la Société, à Versailles; en **1839** le prix du Cadran, à Paris, et le prix des Haras, à Versailles. En **1840**, le prix du Ministre, le prix Royal de **6,000** francs, et le grand prix Royal de **14,000** francs.

Nautilus était d'une conformation élégante, mais très-légère; son corps était bien fait; son dessus, ses hanches et son épaule ne laissaient rien à désirer mais il était un peu haut sur jambes, étroit dans ses jarrets, et le droit était affecté d'un jardon.

Parmi ses produits on cite, *Damophila*, *Nathalie*, *Nautila*, *Grog*, bon cheval de course et surtout *Franc-Picard*, dont il faut très-probablement lui attribuer la paternité, et qui fut le premier cheval de steeple-chase de son époque.

Gigès.

Alezan, né au haras de Meudon, en 1837, par Priam et Éva, par Sultan.

Il fit la monte au haras de Meudon de 1843 à 1847. En 1848, il fut prêté par la liste civile à l'administration des Haras, qui le plaça à Libourne, où il ne fit qu'une monte; après quoi il fut vendu au marché aux chevaux.

Gigès a d'excellentes performances. En 1840, il gagna la poule d'essai, au Champ-de-Mars, et le prix spécial de 2,000 francs. En 1841, le prix du Ministre du Commerce, de 2,000, à Chantilly ; le grand prix de la Ville, 2,400, à Versailles, et le grand prix Royal de 14,000 francs à Paris.

Ce cheval était d'une distinction rare, il avait de la force, des membres superbes et un cachet d'étalon très-prononcé. Son seul défaut était d'être un peu enlevé, mais ce n'en était pas moins un reproducteur précieux, bien préférable à la plupart de ceux que possédait alors la France, tant français qu'étrangers, et la manière dont il s'est reproduit doit laisser les plus profonds regrets sur l'inconcevable dédain que l'on a fait de cet excellent étalon.

Quoique Gigès ait été très-peu et très-mal employé, il a laissé vingt produits de pur sang, parmi lesquels on remarque en première ligne : *Royal-quand-Même*, un des meilleurs étalons qu'ait produit la France ; *Wirthschaft*, mère de Valbruant et de Beauvais, ainsi que *Dame-de-Cœur*, mère de Perle-Fine, car on doit sans aucun doute lui attribuer la paternité de cette excellente jument.

Kohel (anglo-arabe).

Bai brun, né chez M. de Serans, en 1837, par Napoléon et Biche.

Il fut acheté par les Haras en 1847.

Il fit la monte au Haras de Pompadour.

Kohel, entraîné à trois ans, arriva second, battant deux autres chevaux dans un prix spécial, à Caen, en 1840. Ce fut la seule fois qu'il parut sur le turf, quoiqu'il fût excellent cheval; nouvelle preuve que les produits de sang arabe ne peuvent entrer en concurrence avec les descendants de pur sang anglais. Pour régénérer le sang anglais par l'arabe, il faudrait établir des luttes spéciales, pendant les premières générations, ou donner une différence de poids.

C'était, du reste, un magnifique animal, doué de belles lignes, d'un bel ensemble, et se reproduisant parfaitement.

Il a laissé vingt produits de pur sang, dont plusieurs ont fait d'excellents étalons de croisement pour le Midi.

Quoniam.

Bai, né au haras de Meudon, en 1837, par Royal-Oak et Noéma.

Il fut acheté, par les Haras en 1841, et mourut en 1848; il fut placé au dépôt d'Angers en 1842, à Abbeville en 1847.

Quoniam, arrivé troisième au Derby gagné par Tontine, gagna, en 1840 le prix du Printemps, 3,500 francs, et un prix principal, 4,500 francs, à Paris.

Ce cheval était bâti en force, et d'un remarquable ensemble; ses lignes étaient superbes, il brillait surtout par la direction de son épaule et la force de ses hanches, et se montrait étalon dans toutes ses parties. Il est à regretter qu'il n'ait pas été plus apprécié, et donné à un plus grand nombre de juments pures, dans de bonnes conditions.

Parmi ses produits, au nombre de vingt-huit, on cite :
Clématite, *Honey-Moon*, *Tailed-Comet*, *Victorine*, mère de
Rebisquade, *Touche-Tout-nu*, très-bon cheval de Course,
et plusieurs autres.

Nelson.

Bai brun, né chez M. Fasquel, en **1837**, par Dangerous et
Nell par Don-Cossack.

Ce cheval a fait la monte chez son propriétaire au haras
de Courteil.

Il n'a pas eu de succès sur le turf, où il parut quatre fois.
Sa meilleure épreuve est d'être arrivé deuxième, battant quatre
chevaux, au grand prix de la Ville de Versailles.

Il a laissé vingt et un produits, qui ne se sont pas distingués
dans les courses.

Paillasse.

Alezan, né au haras du Pin, en **1838**, par Chance et Ip-
sara par Général-Mina.

Entré au dépôt de Tarbes en **1844**, passé au haras de Libourne en **1848**, où il a été réformé en **1850** pour cause de
pousse.

Ce cheval, d'une conformation régulière, forte et distinguée, laissait à désirer dans sa tête, qui manquait de distinction; ses aplombs étaient peu réguliers. Il s'est bien reproduit
dans le demi-sang. Ses poulains de pur sang, au nombre de
sept, ne se sont distingués ni comme coureurs ni comme reproducteurs.

Prospectus.

Bai, né au haras de Meudon, en **1839**, par Camel et
Jenny-Vertpré par *Boabdil*.

Il fut acheté par les Haras en 1845, et placé à Tarbes en 1845 et années suivantes.

Ce cheval n'a pas eu de succès dans ses courses; il a paru quatre fois sur l'hippodrome, où il n'a pu obtenir un bon placement.

Prospectus avait le rein long, la croupe haute ; du reste, de l'ampleur et la distinction d'un bon étalon. S'est très-bien reproduit dans le Midi, bien que donnant souvent la conformation de sa croupe.

Il a laissé dix produits de pur sang, dont trois poulinières, *Aïdée, Delphinia* et *Candida*, qui se sont assez bien reproduites dans le Midi.

Adolphus.

Bai, né au haras de Meudon, en 1839, par Royal-Oak et Anna par Godolphin.

Il fut acheté par les Haras en 1843, et fit au haras du Pin la monte de 1844. Envoyé à Saint-Lo en 1845, il y est resté jusqu'à sa mort, en 1864.

Ce cheval ne compte qu'une seule victoire sur le turf. Il gagna en 1843 le prix des Haras de 4,000 francs, à Chantilly.

C'était un magnifique étalon, ayant la taille, le gros et le genre du cheval de croisement; aussi a-t-il laissé une précieuse lignée de belles poulinières dans le Cotentin, où il a été longtemps employé.

Il a laissé cinq produits de pur sang, qui ont été mis en service. Un de ses fils, *Val-de-Saire* a été acheté comme étalon par l'administration des Haras.

Governor.

Bai, né au haras de la Morlaye, en 1840, par Royal-Oak et Lidia.

Ce cheval fut acheté par l'administration des Haras en 1846, et fut placé la même année au Pin, où il est resté jusqu'en 1853, époque de sa mort. Il fut abattu par suite d'une fracture à la jambe.

Ce cheval avait obtenu de beaux succès sur le turf; il gagna, en 1843, une poule de produits de 3,000 francs, à Paris; un prix de la Société d'encouragement de 3,000 francs, à Versailles; en 1844, prix du Ministère de l'Agriculture et du Commerce, 2,000 francs, à Chantilly; prix de l'Oise, prix du Ministère du Commerce, 2,000 francs, à Versailles.

Governor était un joli cheval, ayant du sang et de l'énergie; mais un peu enlevé, léger de membres, il manquait de l'ensemble et du carré qui constituent les véritables étalons.

Governor a bien produit généralement dans le demi-sang.

Il a laissé sept produits de pur sang, parmi lesquels on cite *Clémentine*, mère d'*Egmont* et de *Trouville*.

Chactas.

Alezan, né en 1840, chez M. de la Roque, par Mameluck et Néomi.

Chactas fait la monte à Sées, comme étalon approuvé chez M. Richer, son propriétaire.

Chactas, ayant été vendu par M. de la Roque, à M. le comte de Saint-Pater, parut sur le turf en 1843, et gagna seulement une poule de 2,000 francs, aux courses d'Alençon. En 1845, il gagna un Walkover de 500 fr., et se brisa le paturon dans un autre engagement.

Chactas est un bel étalon d'un ensemble parfait, ayant du gros et de belles parties, quoiqu'un peu rond dans ses formes; son encolure est légère, et sa tête expressive; il convient bien au croisement.

Il n'a donné jusqu'ici que deux produits de pur sang.

Prospero.

Bai, né chez M. Alexandre Aumont, en 1840, par Royal-George et Princess-Edwis.

Il fut acheté par les Haras en 1847, et placé à Tarbes.

En 1843, Prospero gagna une bourse de 1,000 francs à Paris, et une autre de 500 francs à Chantilly; le prix du Conseil général de 2,000 francs à Rouen; a couru seul.

Ce cheval a de l'ensemble, de la force et une grande régularité de membres. Il est établi en père, et convient parfaitement au midi de la France, où il laissera de bons souvenirs.

Il a donné quatre produits de pur sang, presque tous par des juments anglo-arabes.

Renonce.

Bai, né chez M. Lecouteulx, en 1840, par Young-Emilius et Miss-Tandem.

Il fut acheté par les Haras en 1844, et placé à Tarbes en 1845 et années suivantes.

Renonce n'a brillé qu'un instant sur le turf; devenu la propriété de M. de Pontalba, il gagna le Derby en 1843; il fut ensuite second dans un handicap, et premier dans un pari particulier; là se sont bornées ses courses.

D'une conformation précieuse pour le Midi, ce cheval s'est admirablement reproduit dans le croisement comme conformation et comme qualité.

Il a laissé quinze produits de pur sang; quelques-uns se sont distingués dans les courses du Midi.

Commodor Napier.

Bai, né au haras de la Morlaye, en 1841, par Royal-Oak et Flighty.

Il fut acheté en 1846 par les Haras et placé au haras de Pompadour, où il resta jusqu'en 1859, époque de sa mort.

En 1844, ce cheval gagna la coupe Janisset à Paris ; le prix de l'École Militaire, la poule d'essai, la poule des produits, un pari particulier de 500 napoléons à Chantilly, le prix de la Reine-Blanche, et le grand prix des Pavillons, 5,000 francs à Paris, le prix du Ministère du Commerce, 2,000 francs, à Chantilly, et le prix des Haras, de 5,000 francs.

Commodor Napier était de taille moyenne, mais bien établi en étalon. Il s'est parfaitement reproduit dans le Limousin, où il a laissé une nombreuse descendance.

Ses poulains de pur sang sont au nombre de près de 150 ; un grand nombre se sont distingués, dans les courses du Midi ; et plusieurs de ses filles sont devenues de remarquables poulinières.

M.-d'Écoville (ex-Boléro).

Bai, né en 1841, chez M. Calenge, à Écoville (Calvados), par Tararo et Princess-Edwis. Ce cheval fut acheté, en 1847, par l'administration des Haras, et fut placé dans le midi de la France.

M.-d'Écoville a d'excellentes performances ; il parut dans vingt-cinq courses, et fut quatorze fois premier et sept fois second, battant de bons chevaux ; il remporta plusieurs prix principaux, et le prix Royal de Caen, en 1845.

C'était un joli cheval, d'une taille peu élevée, mais plein de sang, ayant de belles lignes et un gracieux ensemble.

Ses poulains de pur sang sont au nombre de vingt-six ; plusieurs ont bien couru dans les courses du Midi.

William.

Alezan, né à Saint-Pierre-Église (Manche), chez M. le comte de Blangy, en 1842.

Acheté, par M. de Laplace à M. de Blangy, ce cheval fut placé au Pin en 1847, à Braisne en 1848, revint au Pin, en 1849, et partit pour Lamballe, où il resta jusqu'en 1855, inclusivement, revint encore au Pin en 1857, où il fut abattu le 30 novembre 1857.

William fut bien médiocre dans ses courses; le mauvais état de ses pieds antérieurs l'empêcha de paraître plus de quatre fois sur le turf, où il arriva deux fois deuxième, battant d'assez bons chevaux. Il ne fut point placé au Derby.

Ce cheval, très-énergique et d'une force remarquable, avait des hanches, des épaules, un corps et une tête exceptionnels, mais ses aplombs antérieurs, ses genoux, ses canons et ses boulets laissaient beaucoup à désirer.

Le mérite de William comme reproducteur fut toujours discuté pendant son séjour au Pin. Il paraît cependant admis qu'il se reproduisait d'une manière assez suivie, et qu'il ne donnait pas toujours ses défauts à ses poulains. Il obtint en général les meilleures juments dans les stations où il fut placé.

Ses produits de demi-sang le classent en définitive parmi les reproducteurs de premier ordre pour le croisement. Une de ses filles, *Witch*, s'est montrée en première ligne dans les steeple-chases.

Ses produits de pur sang sont au nombre de neuf seulement ; parmi eux on cite quelques poulinières.

Fitz-Emilius.

Bai, né chez M. Aumont, en 1842, par Young-Emilius et Miss-Sophia.

Il fut acheté par les Haras en 1848, et envoyé à Tarbes de 1849 à 1859, époque de sa mort.

Ce cheval a eu les plus brillantes performances; il parut sur le turf à l'âge de deux ans, et fut vainqueur dans vingt-deux courses, battant les meilleurs chevaux de son temps. En 1844, il gagna le critérium de première classe, et remporta le Derby en 1845, ainsi que le prix principal de Paris. En 1846, il remporta le prix Royal et le grand prix Royal, à Paris. Fitz-Emilius courut jusqu'en 1848; il ne fut jamais battu et ne trouva pas même de concurrent sérieux qui pût lui être opposé.

Fitz-Emilius était remarquable par sa force, sa distinction et son ensemble. Étalon de premier mérite, il s'est très-bien reproduit à Tarbes, et il est à regretter que cet excellent cheval n'ait point été employé à Paris ou en Normandie, où il se fût certainement fait une haute réputation comme reproducteur, tandis qu'il s'est perdu dans le Midi pour sa gloire et pour la production de la race pure.

Il a laissé un grand nombre de produits de pur sang, dont plusieurs se sont distingués dans les courses du Midi.

Liverpool.

Bai, né chez M. Calenge, en 1843, par Liverpool et Shirine.

Ce cheval fut acheté par M. Aumont, qui le fit courir; il fut ensuite vendu à M. le baron Vigier, qui l'employa à la reproduction dans son haras de Beauregard près Vannes.

Il gagna en 1846 le prix du Printemps, 4,000 francs, à Paris; en 1847, prix du Cadran, 3,000 francs, à Paris; prix de la Ville de Paris 6,000 francs; prix de l'administration des Haras, 5,000 francs, à Chantilly; en 1848, prix de la Société des Courses, 3,000 francs, à Luçon; prix national, 4,000; à Nantes.

Liverpool était un joli cheval, ayant de la taille et du genre; mais il avait peu d'expression dans la tête, peu de lignes, la côte courte, et manquait de ce cachet spécial qui décèle l'étalon supérieur.

Il a laissé vingt produits, dont plusieurs sont généralement d'une assez bonne conformation, et qui eussent peut-être obtenu des succès s'ils fussent nés dans d'autres conditions.

Premier-Août.

Bai, né chez M. Calenge, en 1843, par Physician et Princess-Edwis.

Ce cheval fut acheté par M. Aumont en 1846, et devint ensuite la propriété de M. de Barbotan, en 1847, qui le vendit à l'administration des Haras en 1848. Il fut placé à Tarbes en 1849 et suivantes.

Premier-Août fut entraîné à l'âge de deux ans. En 1845, il gagna le critérium de première classe, et fut deuxième dans une autre course. En 1846, il gagna six prix et fut second au Derby et dans deux autres courses. En 1847, il fut premier quatre fois et second une fois; en 1848, il fut premier six fois, une fois second, et arriva troisième une fois : en tout dix-neuf victoires.

Premier-Août avait de l'ampleur, de la force et de la distinction ; il était légèrement panard du pied droit antérieur. C'était, du reste, un étalon d'un haut mérite, et qui n'a pu être essayé dans de bonnes conditions, puisqu'il est toujours resté dans le Midi.

Il a laissé quinze produits, dont plusieurs se sont distingués dans les courses du Midi.

Romagnesi.

Bai, né au haras de Pompadour, en 1843, par Massoud et Didon.

Ce cheval fut placé comme étalon au haras de Pompadour, où il est resté jusqu'à ce jour.

Il n'a pas couru dans les courses publiques.

C'était un beau cheval, plein de sang et de distinction ; il rappelait les belles qualités de son père Massoud, mais il était un peu négligé dans sa tête, et son dos n'était pas assez soutenu.

Il s'est parfaitement reproduit dans le croisement.

Il a laissé quinze produits de pur sang, dont plusieurs bons étalons, dans le Midi, ainsi que de belles poulinières.

Boléro.

Bai, par Young-Emilius et Doris, né au haras du Pin en 1844. Fit la monte au Pin de 1848 à 1861. Envoyé à Blois en 1862.

Ce cheval fut entraîné au Pin, et arriva premier dans une course d'épreuve.

Boléro était tout à fait bâti en étalon, sa poitrine était admirable, ainsi que sa tête, son rein et son épaule; ses membres étaient très-forts de muscles, mais ses canons étaient un peu grêles; ses jarrets étaient un peu droits, mais bien évidés et d'une belle coupe. C'était un reproducteur très-précieux, et qui s'est parfaitement reproduit dans le demi-sang en étalons et en poulinières.

Il a laissé quatre produits de pur sang, dont une seule pouliche, *Sola*, par Gringolette, qui, placée dans de bonnes conditions, devrait faire une bonne poulinière à cause de son sang.

Morok.

Bai, né chez M. Valentin, à Nonant (Orne), en 1844, par Beggarman et Vanda par Truffle.

Il fut acheté par les Haras en 1848, et fut placé à Tarbes en 1849 et suivantes.

Morok, acheté en 1845 par M. Aumont, parut sur le turf en 1846, et fut deuxième au grand Critérium. En 1847, il remporta le Derby et huit autres prix, et ne fut battu que deux fois. En 1848, il remporta trois prix, dont le grand prix National, à Chantilly; en tout douze victoires, battant les meilleurs chevaux de son temps.

Ce cheval avait de l'ampleur, de la force et de la distinction, mais sa tête était lourde et son encolure courte. Il fut très-apprécié dans le Midi, où il a donné de belles productions de demi-sang.

Il a laissé vingt-huit produits de pur sang, dont plusieurs se sont distingués dans les courses du Midi, entre autres Peau-Rouge.

Eremos (anglo-arabe).

Alezan, né, au haras du Pin, en 1845, par Young-Emilius et Agar par Eastham.

Fit la monte au Pin de 1849 à 1850.

Il fut ensuite envoyé, en 1850, à Montier-en-Der, puis dans les établissements du Midi.

Ce cheval, qui avait du sang oriental par Agar, sa mère, était très-fortement établi; sa taille était élevée, sa tête avait un beau caractère, et son aspect ne laissait rien à désirer, comme ensemble et distinction; sa hanche seulement était un peu courte, et ses jardons étaient légèrement prononcés. Il s'est très-bien reproduit dans le croisement. Il a laissé plusieurs produits de pur sang, entre autres *Arlette*, excellente jument des courses du Midi, qui eût dû attirer la vogue sur ce bon reproducteur.

Saint-Germain.

Alezan, né en France, chez M. Auguste Lupin, en 1847, par Attila et Currency, par Saint-Patrick.

Acheté par l'administration des Haras, il fut placé à Paris.

Ce cheval a de belles performances; il fut d'abord vainqueur du Derby, puis il gagna trois autres prix, puis arriva cinq fois deuxième sur douze courses. Toutefois, sa carrière de courses n'a pas eu toute l'importance que sa victoire du Derby eût pu faire supposer.

Saint-Germain était un joli cheval près de terre, très-beau dans son dessus; sa tête, son épaule et son rein ne laissaient rien à désirer. Il était un peu léger dans ses membres, c'est le seul défaut qu'on pût lui reprocher. Il s'est bien reproduit dans le croisement. Ses poulains de pur sang sont au nombre de vingt. On cite parmi eux *Good-By*, cheval d'un bon rang comme qualités et conformation. *Bouillabaisse* et plusieurs de ses filles sont appelées à faire de bonnes poulinières.

Xénocrate (anglo-arabe).

Bai, né à Pompadour, en 1848, par Rajah, et Reine-de-Chypre par Eylau.

Ce cheval a fait la monte au haras de Pompadour.

C'est un des plus remarquables étalons produits par cet établissement. Sa taille était élevée pour un anglo-arabe, il était bien établi en père ; son dessus était superbe et son dessous fortement établi ; aussi l'accusait-on d'être commun, singulier reproche pour un descendant d'Eylau et d'un arabe pur. Il est très-regrettable que les produits de ce cheval n'aient pas été essayés, à naissance égale, sur le turf. Il pouvait être destiné à revivifier la race pure dont il était un des types les plus parfaits.

Il a laissé quinze produits, qui malheureusement se sont presque tous éteints sans qu'aucun soin ait été donné à leur élevage.

First-Born.

Bai, né chez M. Latache du Fay, en 1848, par Nuncio et Bienséance par Friedland.

Acheté par les Haras en 1852.

Entré au dépôt de Libourne en 1853.

Les performances de ce cheval sont assez distinguées. A deux ans il gagna le Critérium ; à trois ans il gagna trois prix et fut second quatre fois, battant de bons chevaux. A quatre ans il fut moins heureux et résilia presque tous ses engagements.

First-Born était un joli cheval, un peu léger de partout, mais d'une belle construction et d'un gracieux ensemble.

Ce cheval a eu jusqu'à présent seize produits de pur sang; plusieurs se sont bien montrés dans les courses, entre autres Dulcinée, Heurlys, Rush.

Électrique.

Bai, né en France chez M. Marc de Beauvau, en 1848, par Young-Emilius et Kermesse par Camée.

Acheté par les Haras en 1853, fit la monte au Pin de 1853 à 1855.

Au dépôt de Lamballe en 1856, où il est mort.

Électrique parut sur le turf à deux ans sans succès ; à trois ans il gagna cinq prix, en 1851, et arriva deux fois second ; en 1862, il gagna neuf prix et arriva deux fois deuxième sur treize engagements. En tout quatorze victoires, dans de bonnes conditions.

Électrique était un beau cheval, il avait de l'ensemble et des lignes, mais sans grand caractère d'étalon; ses aplombs étaient défectueux. Il s'est bien reproduit dans le croisement.

Il a laissé dix produits de pur sang, dont plusieurs poulinières de bon ordre.

Maryland.

Bai, né en France, au haras du Pin, en 1848, par Royal-Oak et Pecora par Sylvio ou Mameluck.

Maryland fut vendu, par l'administration des Haras, à M. le prince de Beauvau en 1850, et revendu par lui à l'administration des Haras après ses courses.

Maryland, sans avoir brillé par ses performances, se montra bon et franc dans ses épreuves. En 1851, il arriva quatre fois premier, et deux fois troisième sur six courses; et en 1852, deux fois premier sur trois courses. En tout six victoires sur neuf courses.

Ce cheval était d'une belle et forte conformation, il avait de superbes lignes et une belle prestance d'étalon; sa conformation un peu massive le rendait surtout plus propre au croisement qu'à la reproduction du pur sang.

Ce cheval a laissé une belle descendance de chevaux de demi-sang; il n'a laissé que trois produits de pur sang.

Balthazar.

Bai, né en France, chez M. le marquis de Torcy, en 1848, par Royal-Oak et Aménaïde par Napoléon.

Ce cheval fut vendu, en 1849, à M. Basly, chez lequel il a été élevé et est resté comme étalon.

Balthazar n'a point été entraîné.

Ce cheval, d'une jolie construction, était un peu léger, mais avait de belles lignes, un bon ensemble et une gracieuse prestance, il s'est bien montré dans la production du demi-sang.

Il a laissé dix produits de pur sang, parmi lesquels *Braconnier*, très-bon cheval, par Amie.

Saint-Simon.

Bai, né en France chez M. de Baracé, en 1848, par Gladiator et Sweetlips par Émilius.

Acheté par les Haras en 1853 et fut placé à Saint-Maixent la même année.

Ce cheval ne s'est pas distingué dans les courses, il ne compte qu'une seule victoire sur cinq épreuves, pendant les années 1851 et 1852.

C'est un bon modèle d'étalon de croisement, dénotant beaucoup de sang. Il a très-bien réussi à Poitiers, où il a laissé d'excellents produits de demi-sang.

Ce cheval a donné plusieurs produits de pur sang, dont quelques-uns se sont distingués dans les courses de l'Ouest, entre autres Magenta et Georgette.

Beaucens.

Bai, né en France, chez M. Achille Fould, en 1849, par Sting et Eccola par Bay-Middleton.

Beaucens courut sans succès en 1851, à l'âge de deux ans; en 1852, il remporta quatre prix et fut quatre fois deuxième sur dix courses; en 1853, il gagna quatre prix en province, en tout huit victoires, battant de bons chevaux.

Ce cheval est d'une jolie conformation, bien qu'un peu court dans ses lignes; il rappelle, dans l'aspect général, la magnifique conformation de son père Sting.

Beaucens s'est parfaitement reproduit dans le demi-sang; il a laissé un grand nombre de produits de pur sang, au nombre de quatre-vingts. Un grand nombre se sont distingués dans les courses du Midi, entre autres *Alma*.

Aguila.

Bai, né en France, chez M. Paul Aumont, en 1849, par Gladiator et Cassandra par Priam.

Ce cheval a de magnifiques performances; il courut à deux ans, et ne fut pas placé; mais à trois ans, en 1852, il gagna neuf fois, arriva une fois deuxième et fut placé quatrième au Derby français.

En 1853, il gagna six prix, battant les meilleurs chevaux de son année. Le grand prix Impérial fut gagné par Échelle, sa compagne d'écurie.

Ce cheval est plein de distinction et accuse beaucoup de sang, mais il est léger de partout, médiocre dans ses membres et dans sa poitrine, et très-fatigué sur ses extrémités par suite de ses courses.

Parmi ses poulains, quelques-uns, élevés dans de bonnes conditions, se distinguent par leur élégance, entre autres Perle-Fine par Dame-de-Cœur.

Lully.

Alezan, né au haras du Pin, en 1850, par Tipple-Cider et Pecora par Sylvio ou Mameluck.

A fait la monte au Pin de 1853 à 1861. Parti en 1862 pour Rodez.

Ce cheval est d'une excellente origine et d'une remarquable conformation ; il a de l'ampleur, des lignes superbes et un beau genre d'étalon. Il s'est parfaitement reproduit dans le demi-sang.

Ses poulains de pur sang sont forts et d'une belle construction; plusieurs se sont bien montrés dans les courses, entre autres *Corysandre*.

Mastrillo.

Bai brun, né au haras du Pin en 1850, par Sylvio et Miss-Ann par Figaro.

Fit la monte au Pin, de 1853 jusqu'en 1859 ; partit, en 1860 pour le dépôt de Perpignan.

Jeune cheval d'un ensemble peu gracieux, médiocre dans sa tête, un peu enlevé, mais ayant de belles lignes, de la force dans certaines parties et beaucoup d'énergie.

Mastrillo fut toujours apprécié à sa juste valeur par les propriétaires de juments, qui reconnaissent en lui les qualités du sang de Sylvio, et il a laissé de très-bons produits en Normandie.

Ses poulains annoncent beaucoup d'énergie; l'un de ses fils, Young-Mastrillo, de demi-sang, s'est montré avec une grande supériorité dans les courses d'obstacles et les steeple-chases.

Fitz-Gladiator.

Alezan brûlé, né chez M. Aumont, à Victot (Calvados), en 1850, par Gladiator et Zarah par Reveller.

Acheté pour les Haras à M. Aumont en 1860 par M. Houël, pour le prix de 30,000 fr.

Fit la monte de 1861 au Pin, à Paris celle de 1862, et fait en ce moment la monte au Pin en 1863.

Cheval de tête comme reproducteur de chevaux de course, et l'un des meilleurs étalons de pur sang qu'ait produits la France.

Fitz-Gladiator a peu couru, ayant été blessé presque au début de sa carrière ; cependant il a donné la mesure de sa vitesse exceptionnelle en gagnant le Derby continental de Gand, où il battait Jouvence, Royal-quand-Même et trois autres bons chevaux. Il ne courut pas à deux ans; à trois ans il gagna deux prix, dont le Saint-Léger à Moulins ; à quatre ans il gagna encore une course, la seule pour laquelle il soit parti.

Ce cheval a déjà donné un grand nombre de produits, parmi lesquels on distingue quelques-uns des meilleurs chevaux de notre époque, entre autres *Gabrielle-d'Estrées*, *Egmont*, *Orphelin*, *Royal-Lieu*, *Solferino*, *Victot-Ponfol*, *Mon-Étoile*, *Palestro*, *Dangu*, *Compiègne*, *Telegraph*, *Magenta* et autres.

Toison-d'Or.

Alezan, né au haras du Pin (Orne), en 1850, par Prince Caradoc et Honey-Moon par Quoniam.

Placé au dépôt de Tarbes en 1853.

Joli modèle d'étalon, un peu léger de partout, mais plein de sang et de distinction. Il a donné de bons poulains dans le Midi, mais il a peu produit avec le pur sang.

Moustique.

Bai brun, né chez M. le comte d'Hédouville, en 1850, par Sting et Essler par Cadland.

Fit la monte au Pin de 1861 à 1862.

Bien qu'un peu léger dans ses membres antérieurs, ce cheval a de la puissance dans l'arrière-main ; il est d'une bonne origine, et devra bien se reproduire avec des juments de choix.

Ce cheval a donné d'excellents produits de demi-sang et un assez grand nombre de poulains de pur sang, qui ont eu des succès dans les courses du Midi.

Papillon (ex-Generosity).

Alezan, né chez M. Aumont, à Victot (Calvados), en 1850, par Gladiator et Effie-Deans par Brabant.

Acheté par les Haras en 1855, il fut envoyé la même année au dépôt de Pau.

Papillon, sans être un coureur de premier ordre, a de belles performances. A l'âge de trois ans, en 1853, il gagna deux prix, l'un à Autun, l'autre à Paris; en 1854, il gagna sept prix, dont le prix du Cadran et un prix principal à Paris; en 1855, deux prix; en tout onze victoires dans de bonnes conditions.

Ce cheval, près de terre, bien membré, était très-convenable pour le Midi, et fut très-apprécié dans le Béarn.

Il s'est parfaitement reproduit avec le demi-sang, et a donné de bons produits de pur sang, dont quelques-uns ont bien couru dans les courses du Midi.

Royal-quand-Même.

Alezan, né en 1850, chez M. Calenge, à Écoville (Calvados), par Gigès et Eusebia par Emilius.

Acheté par les Haras en 1855, ce cheval fut placé d'abord au dépôt d'étalons de Saint-Lo, où il est resté jusqu'à présent.

Royal-quand-Même fut vendu, à l'âge d'un an, à M. Aumont, sous le nom duquel il se distingua sur le turf. Il courut pendant trois ans, et remporta dix-huit victoires, dont le prix de l'Empereur de 10,000 francs; en 1853, à Chantilly, le prix Impérial et le grand prix Impérial, en 1864, à Paris ; et enfin en 1855, le prix des Pavillons, à Paris, battant *Mika*, *Celebrity* et *Golconde*.

Royal-quand-Même ne fut pas placé au Derby gagné par Jouvence, Fire-Work deuxième, Moustique troisième; appartenant à l'écurie Aumont si magnifiquement montée cette année-là, il lui fut difficile d'être jugé avec d'autres chevaux d'un mérite égal au sien. Il fut tour à tour le vainqueur et le vaincu de Jouvence et de Moustique, qui formaient, avec Fitz-Gladiator et lui, le brillant écrin des célébrités de l'année.

Royal-quand-Même se reproduit parfaitement avec le demi-sang, il donne de la force, du genre et de l'énergie. Ses poulains de pur sang sont forts et d'un bel ensemble. Jusqu'à présent il n'a eu que peu de mères remarquables, mais ses produits bien nés se sont bien montrés, entre autres *Royal-Topaze* et *Royal-Junior*. Tout fait espérer que ce cheval se fera un nom, comme reproducteur, à l'égal de celui qu'il s'est fait comme racer.

LISTE

DES CHEVAUX VAINQUEURS

DANS LES PRINCIPALES COURSES DE FRANCE

GRAND PRIX DU GOUVERNEMENT

Années	Propriétaires	Chevaux	Pères
1819.	Comte de Narbonne.	*Lattitat.*	Lattitat.
1820.	Neveu père.	*Lattitat, vieux.*	Id.
1821.	Duplessis.	*Lilly.*	
1822.	Neveu père.	*Cérès.*	Highflyer.
1823.	Duc de Guiche.	*Nell.*	Don Cossack.
1824.	Id.	*Pénélope.*	Id.
1825.	Duc des Cars.	*Lucy.*	Tooley.
1826.	Duc de Guiche.	*Odysseus.*	Milton.
1827.	Id.	*Médéa.*	Trufle.
1828.	Id.	*Vittoria.*	Milton.
1829.	Baron de la Bastide.	*Vesta.*	Bijou.
1830.	de Laroque.	*Bergère.*	Tigris.
1831.	Lord Seymour.	*Sylvio.*	Trans.
1832.	Id.	*Eylé.*	Young-Muley.
1833.	Id.	*Clerino.*	Rainbow.
1834.	M. Ribussec.	*Félix.*	Id.
1835.	Lord Henry Seymour.	*Miss-Annette.*	Reveller.
1836.	Comte de Cambis.	*Volante.*	Rowlston.
1837.	Lord Seymour.	*Franck.*	Rainbow.
1838.	Administration des Haras.	*Corysandre.*	Holbein.
1839.	id.	*Eylau.*	Napoléon.
1840.	Comte de Cambis.	*Nautilus.*	Cadland.
1841.	Id.	*Gigès.*	Priam.
1842.	Fasquel.	*Minuit.*	Terror.
1843.	Prince Marc de Beauvau.	*Jenny.*	Royal-Oak.
1844.	Baron N. de Rothschild.	*Drummer.*	Langar.

Années	Propriétaires	Chevaux	Pères
1845.	Alex. Aumont.	Cavatine.	Tarrare.
1846.	Id.	Fitz Emilius.	Y. Emilius.
1847.	Prince Marc de Beauvau.	Prédestinée.	M. Wags.
1848.	Jules Rivière.	Morok.	Beggarman.
1849.	Thomas Carter.	Dulcamara.	Physician.
1850.	Prince Marc de Beauvau.	Sérénade.	Royal-Oack.
1851.	Auguste Lupin.	Messine.	Attila.
1852.	Alex. Aumont.	Hervine.	M. Wags.
1853.	Id.	Échelle.	Sting.
1854.	Id.	Royal-quand-même.	Gigès.
1855.	Mme Latache de Fay.	Festival.	Nuncio.
1856.	id.	Ronzi.	Sir-Tatton-Sykes.
1857.	Comte de Lagrange.	Monarque.	The Emperor.
1858.	Baron Nivière.	Miss Cath.	Gladiator.
1859.	Id.	Tippler.	Tipple Cider.
1860.	Comte de Lagrange.	Lysiscote.	Nunnykirk.
1861.	Id.	Surprise.	Gladiator.
1862.	Pierre Aumont.	Mon Étoile.	Fitz-Gladiator.

PRIX DU JOCKEY-CLUB

(DERBY FRANÇAIS)

Années	Propriétaires	Chevaux	Pères
1836.	Lord Henry Seymour.	Franck.	Rainbow.
1837.	Id.	Lydia.	Id.
1838.	Id.	Vendredi.	Caïn.
1839.	Comte de Cambis.	Romulus.	Cadland.
1840.	Eug. Aumont.	Tontine.	Tetotum.
1841.	Lord Henry Seymour.	Poetess.	Royal-Oak.
1842.	Vicomte E. de Perregaux.	Plower.	Id.
1843.	Célestin de Pontalba.	Renonce.	Y. Emilius.
1844.	Prince de Beauvau.	Lanterne.	Hercule.
1845.	Alex. Aumont.	Fitz Emilius.	Y. Emilius.
1846.	Baron N. de Rothschild.	Meudon.	Alternter.
1847.	Alex. Aumont.	Morok.	Beggarman.
1848.	Aug. Lupin.	Gambetti.	Emilius.
1849.	Thomas Carter.	Expérience.	Physician.
1850.	Aug. Lupin.	Saint-Germain.	Attila.
1851.	Id.	Amalfi.	Gladiator ou Y Emilius.
1852.	Alex. Aumont.	Porthos.	Royal-Oak.

Années	Propriétaires	Chevaux	Pères
1853.	Aug. Lupin.	*Jouvence.*	Sting.
1854.	Jacques Reiset.	*Celebrity.*	Gladiator.
1855.	A. Aumont.	*Monarque.*	Emperor.
1856.	Prince de Beauvau.	*Lion.*	Jon.
1857.	Aug. Lupin.	*Potocki.*	The Baron ou Nunnykirk.
1858.	Comte de Lagrange.	*Ventre-Saint-Gris.*	Gladiator.
1859.	Id.	*Black-Prince.*	Nuncio.
1860.	Mme Latache de Fay.	*Beauvais.*	Elthiron.
1861.	Comte de Lagrange.	*Gabrielle-d'Estrées.*	Fitz-Gladiator.
1862.	Robin.	*Souvenir.*	Caravan.

TABLE

DES

NOMS D'ÉTALONS

CITÉS DANS CET OUVRAGE

A

	Vol.	Pages		Vol.	Pages
Abeian	2	16	Ali	2	49
Abian	2	36	Almanzor (*Anglais*)	1	50
Abjer	2	24	Almanzor (*Arabe*)	2	17
Abou-Arkoul	2	23	Alteruter	2	96
Abou-Arkoul II	2	23	Amrou	2	12
Aboukir	2	13	Andrew	1	89
Abouchar	2	32	Anglesea	2	94
Abou-Mohureph	2	30	Antar	2	15
Abron	2	72	Arabo	2	9
Abufar	2	23	Arabian	1	13
Actœon	1	93	Arab-Backfoot	1	36
Adeban	2	30	Arabian pet	1	34
Adolphus	2	156	Arabian-Orello	1	35
Ægyptus	2	93	Arthur	2	117
Aguila	2	168	Ascot	1	108
Aimable	2	30	Aslan	2	17
Akaster-Turck	1	19	Assam	2	44
Alarm	1	121	Assassin	2	107
Alcook-Arabian	1	23	Assault	2	127
Aleppo (*Anglais*)	1	49	Attila	2	111
Aleppo (*Arabe*)	2	39	Auckland	2	110
Ali-Baba	2	149			

B

	Vol.	Pages		Vol.	Pages
Babraham	1	58	Bardad	2	46
Bacha	2	13	Barnès-Abab	1	39
Bachibouzouk	2	45	Baron (the)	1	121
Bagdad	2	10	Id	2	117
Bagdadli	2	43	Bartlett's childers	1	51
Bald-Galloway	1	45	Basto	1	46
Balinkeele	2	111	Bay-Arabian	1	37
Balthazar	2	167	Bay-Bolton	1	48
Ban (the)	2	133	Bay-Malton	1	63
Barb-Chillaby	1	16	Bay-Middleton	1	109

	Vol.	Pages		Vol.	Pages
Bay-Londale-Arabian	1	28	Blaclock	1	87
Beaubens	2	168	Blanck	1	58
Bedouin	2	21	Bobtail	1	76
Bedlamit	1	94	Bolou	2	163
Beiram	1	103	Boudrow	1	70
Beggarman	1	105	Brabant	2	107
Bell's-Arabian	1	29	Brainnworm	1	78
Belgrade-Turk (the)	1	23	Bran	1	104
Belzoni	1	94	Brandy-Face	2	125
Beni	2	39	Britisti-Yeoman	1	118
Benny	2	34	Brocardo	2	120
Berck	2	24	Brutandorf	1	93
Berk	2	32	Buckthorn	2	135
Bertrand	2	10	Bustler	1	45
Bethell's-Arabian (the)	1	22	Buzzard	1	92
Bizarre	2	72	Byerley-Turk (the)	1	16

C

	Vol.	Pages		Vol.	Pages
Cade	1	56	Circassien	2	14
Cadi	2	14	Claude	2	69
Cadland	2	97	Cobail	2	9
Id.	2	81	Col-Arabian	1	32
Calderstone	2	129	Colling-Wood	1	123
Calton	1	83	Id.	2	124
Camash	2	30	Colonel (the)	1	97
Camel	1	93	Colwich	1	101
Camerton	1	82	Combe-Arabian (the)	1	30
Captain-Candid	2	60	Commodor-Napier	2	158
Carbon	2	64	Compton-Barb	1	30
Caravan	2	104	Comus	1	83
Cartouch	1	53	Conductor	1	66
Cartouch-Young	1	55	Coneys-King	1	49
Careless	1	47	Copper-Captain	2	90
Cashef	2	11	Cophte	2	9
Cataract	2	113	Coriander	1	73
Cerberus	1	78	Coronation	1	117
Chaban	2	35	Cossack	1	25
Chactas	2	157	Id.	2	126
Champion	1	48	Corterstone	1	118
Changelling	1	59	Coureur	2	17
Chanter	1	48	Cowl	1	123
Chaunter	1	62	Crab	1	54
Chanticleer	1	123	Crispin	2	87
Charles XII	1	115	Crofts-Bay-Bard	1	22
Château-Murgaux	1	93	Crop	1	70
Chebris	2	13	Cullen-Arabian	1	27
Chefestiah	2	46	Cure (the)	1	119
Chesterfield-Junior	2	125	Curwen's-Bay-Bard	1	18

D

	Vol.	Pages		Vol.	Pages
Daher	2	24	Dangerous	2	95
Darby-Arabian (the)	1	20	Darcy'-Yellow-Turk (the)	1	18
Damassan-Arabian	1	30	Darcy's-White-Turc. (the)	1	18

— 178 —

	Vol.	Pages		Vol.	Pages
Défense	1	95	Doctor-Syntax	1	85
Delpini	1	71	Dodsworth	1	15
Demasion	2	144	Doge-of-Venice	2	66
Derviche	2	44	Don-John	1	144
Diamant	1	38	Dormouse	1	58
Dick-Andrews	1	77	Doru-Pacha	2	48
D.-J.-O	2	61	Douhey	2	28
Divan-Effendi	2	24	Drey	2	29
Diezzar	2	11	Dungannon	1	71
Djar	2	49			

E

	Vol.	Pages		Vol.	Pages
Eastham	2	66	Emir-Abou-Arquoub	2	41
Eclair	1	64	Emperor	1	119
Eclipse	2	11	Id	2	116
El-Arcb	2	41	Engeneer	1	62
Elbedawy	2	33	Epirus	1	113
Electrique	2	166	Eremus	2	164
Elis	1	111	Escape	1	73
Eltiron	2	137	Esquisite (the)	1	99
Emancipation	1	100	Ethelwof	2	134
Emilius	1	92	Euphrate	2	14
Emilius-Young	2	84	Eylau	2	150

F

	Vol.	Pages		Vol.	Pages
Fang	2	91	Flying-Dutchman	1	126
Faram	2	14	Id	2	132
Faug-a-Ballagh	1	121	Fortitude	1	70
Id	2	115	Fortunio	1	70
Felix	2	143	Fox	1	50
Figaro	1	91	Franck	2	168
Filho-da-Puta	1	87	Freystrop	2	115
First-Born	2	165	Fradiavolo	2	146
Fitz-Emilius	2	160	Friedland	2	152
Fitz-Gladiator	2	180	Frigian	2	29
Florizel	1	66	Frivole	2	144
Flying-Childers	1	50	Fildemer	1	80

G

	Vol.	Pages		Vol.	Pages
Gainsborough	1	87	Glaucus	2	103
Gallipoly	2	14	Glencoe	2	105
Ganges	2	148	Glory	2	122
Garry-Owen	1	116	Godolphin	1	90
Id	2	108	Godolphin (Arabe)	2	12
Gazal	2	25	Godolphin-Arabian	1	25
General-Mina	2	73	Godolphin-Grey-Barb	2	27
Gheisani	2	38	Gohanna	1	74
Gigès	2	153	Golompus	1	78
Gladiator	1	110	Gor	2	15
Id	2	98	Governor	2	15

	Vol.	Pages		Vol.	Pages
Gower-Dun-Barb. (the)	1	28	Grey-Londale-Arabian	1	29
Grey-Grantham	1	47	Grey-Tomy	2	137
Grey-Hautboy	1	47	Grosvenor-Arabian	1	30
Grey-Hound	1	28			

H

Hadjy	2	25	Hernandez	2	134
Haleb	2	46	Hetman-Platoff	1	46
Haleby	2	23	High-Flyer	1	68
Hamdani-Blanc	2	37	Hlavie	2	40
Ham-Bletonian	1	74	Hlavie-Obayan	2	40
Haphazard	1	77	Hœmus	2	88
Harkaway	1	113	Holbein	2	71
Harlequin (Arabe)	1	38	Holdernen-Turk (the)	1	29
Harlequin	1	53	Honey-Wood's-Arabian	1	23
Id	2	82	Homref	2	88
Hautboy	1	45	Hornsea	1	107
Heliopolis	2	22	Hussein	2	40
Helmsley-Turk	1	15	Hutton's-Bay-Bard	1	19
Hercule	2	146	Hutton.-Grey-Barb	1	19

I

Iago	2	121	Inheritor	2	96
Ibis	2	148	Id	1	105
Ibrahim	2	97	Ion	1	114
Ibrahim (Arabe)	2	34	Id	2	106
Iman	2	10	Ionian	2	116
Imarabo	2	10	Irish.-Birdcatcher	1	111
Impétueux	2	18	Isly	2	40

J

Jericho	1	119	Juggler (the)	2	98
Jig	1	46	Jumper	1	80
Joko	2	130			

K

Karcham	2	36	King-Herod	1	62
Kebeche	2	35	Kochlany	2	11
Kehelan-Saglani	2	44	Koheil-Hamdani	2	38
Kerbela	2	47	Koheil-Obayan-Redam	2	39
Kingston	1	129	Kohel	2	154
King-Bladud	1	74	Kouleli	2	41
King-Fergus	1	69			

— 180 —

L

	Vol.	Pages		Vol.	Pages
Lamplighter	1	95	Little-Rev.-Rover	1	100
Lamprey	1	52	Lister-Turk	1	17
Lanercost	1	115	Little-Rower	1	97
Id	2	107	Liverpool (*Anglais*)	1	102
Langar	1	90	Liverpool	2	161
Lath	1	56	Longbow	1	128
Launcelot	1	117	Londale-Bay-Arabian	1	23
Laure	1	96	Lottery	1	92
Layton-Barb	1	17	Id	2	75
Lecder	1	46	Lully	2	169
Leed's-Brown-Arabian	1	31	Lutzen	2	79
Libertine	2	73			

M

	Vol.	Pages		Vol.	Pages
Machouk-Pacha	2	47	Melbourne	1	113
Makanna	2	29	Mendicant	2	101
Malton	2	113	Merlin (old)	1	48
Mameluke	1	96	Mesched	2	46
Id	2	91	Mesrur	2	25
Mansourak (Ray-Arabian)	2	34	Mikhawi	2	26
Marcellus	2	70	Milton	2	62
Marmion	1	81	Minotæur	2	113
Marske	1	66	Minster	2	91
Maruck	2	125	Mixbury-Galloway	1	46
Maryland	2	66	Mocrabi	2	12
Mascara	2	35	Montly	2	28
Master-Henry	1	88	M. d'Ecoville	2	159
Master-Wags	2	100	Morocco-Barb	1	14
Massoud	2	19	Morok	2	163
Mastrillo	2	169	Mosès	1	91
Matchem	1	60	Moustique	2	170
Medani	2	25	Muley	1	84
Mehedi	2	42	Muley-Moloch	1	104

N

	Vol.	Pages		Vol.	Pages
Nabad	2	134	Nelson	2	155
Nadar	2	32	Newcombe-Arabian	1	28
Napier	2	114	Newminster	1	128
Napoléon	2	80	Novelist	2	92
Nasser	2	27	Nuncio	2	113
Nautilus	2	152	Nunnykirk	2	130

O

	Vol.	Pages		Vol.	Pages
Oberon	1	72	Overton	1	73
Of-Bloody-Buttoks	1	20	Orville	1	79
Oglethorpe	1	20	Ourfali	2	26
Orkan	2	26	Ouzeby	2	16
Orlando	1	120			

P

Name	Vol.	Pages	Name	Vol.	Pages
Pacolet	1	64	Pipator	1	73
Paillasse	2	155	Pioneer	1	80
Pagan	2	109	Place's-Withe-Turk	1	14
Pantaloon	1	96	Plenipotentiary	1	105
Papillon	2	171	Polecat	2	124
Paradox	2	85	Pope	1	81
Paragon	1	34	Pot-8-os	1	68
Partisan	1	86	Precipitate	1	73
Partner (old)	1	52	Premier-Août	2	162
Pay-Master	1	66	Premium	2	74
Petter-Lelly	1	91	Pretender	1	67
Phampton	1	82	Priam	1	100
Philipson's Turk	1	28	Prime-Warden (the)	2	104
Phœnomenon	1	71	Prince-Caradoc	2	109
Physician	1	103	Prospectus	2	155
Id.	2	92	Prospero	2	158
Picpoket	2	88	Pulleine's-Chesnut-Arabian	1	25
Pigot's-Turk	1	20	Pyrrhus-the-First	2	122

Q

Name	Vol.	Pages	Name	Vol.	Pages
Quiz	1	77	Quoniam	2	154

R

Name	Vol.	Pages	Name	Vol.	Pages
Rabdan	2	49	Richan (gris)	2	27
Rainbow	1	82	Id. (Alezan)	2	44
Id.	2	57	Richmont	2	136
Rataplan	1	151	Rockingham	1	72
Raz-el Fedawe	2	16	Romagnesi	2	162
Recovery	1	100	Romani	2	47
Regulus	1	58	Royal-Georges	2	101
Remembrancer	1	79	Royal-Oak	1	95
Renegat	2	30	Id.	2	77
Renonce	2	158	Royal-Quand-Même	2	171
Reveller	1	88	Rowlston	2	60
Reveller Young	2	147			

S

Name	Vol.	Pages	Name	Vol.	Pages
Saddler (the)	1	102	Saklawi-Djedran	2	43
Saint-Germain	2	164	Saltram	1	51
Saint-Patrick	1	90	Samaris	2	48
Saint-Simon	2	167	Samman	2	50
Saint-Victor's-Bard	1	19	Samson (gris)	1	54
Sakal	2	27	Sampson	1	59
Saklawi	2	46	Saoud	2	40
Saklawi-Amdam	2	31	Saraf	2	28

	Vol.	Pages		Vol.	Pages
Scharavogue	2	138	Slane	1	110
Scawenger (the)	2	114	Snail	2	56
Scheik	2	14	Snail (Yg.)	2	143
Scheik-Zaadé	2	47	Snake	1	47
Schylock	2	129	Snap	1	62
Scud	1	80	Soldier	1	59
Sedbury	1	56	Sommerset-Arabian	1	28
Sediman	2	12	Soothsayer	1	83
Séduisant	2	12	Sorcerer	1	76
Seklawi II	2	38	Sorhcels	1	47
Selaby-Turk	1	21	Souk-el-Chouk	2	48
Selim (*Anglais*)	1	78	Spectator	1	61
Selim (*Arabe B.B.*)	2	32	Spectre	2	68
Selim (*Arabe B.*)	2	34	Squirrel	1	53
Sesostris (M.)	2	16	Squirt	1	55
Sfiri	2	47	Stainborough	1	88
Schack	1	67	Stamford	1	76
Schakespeare	1	59	Stamford Turk	1	23
Schaklawie	2	32	Starling	1	54
Schami	2	17	Sting	2	123
Schamil	2	128	Stockwal	1	130
Sheet-Anchor	1	107	Stoker	2	119
Sherif	2	42	Storey's Arabian	1	31
Sheond	2	29	Straling	2	17
Shoudiman	2	33	Strongbow	2	131
Sidi-Mahmouth	2	30	Sultan	2	89
Signal	1	38	Surplice	1	125
Sir-Mercures	1	99	Sweet-Briar	1	66
Sir-Peter-Teazle	1	72	Sweet-Meat	1	122
Sir-William-Turk	1	32	Sylvio	2	141
Sir-Oliver	1	79	Syphon	1	62
Skirminsker	2	103			

T

	Vol.	Pages		Vol.	Pages
Tachiani	2	39	Tiresias	1	89
Tadmor	1	59	Toison-d'Or	2	170
Taffolet Barb	1	16	Tooley	2	59
Tamerlan 1er	2	15	Tortoise	1	63
Tancrède	2	76	Touchstone	1	106
Tandem	2	63	Tragedian	2	129
Tarrare	2	78	Trance	2	64
Tartar	1	59	Tramp	1	84
Teddington	1	129	Traveller	1	57
Téméraire	2	19	Trefil	2	37
Terror	2	83	True Bleue	1	49
Tetotum	2	90	Truffle	1	82
Théodore	2	70	Id	2	58
Thoulouse-Barb	1	19	Trumpator	1	72
Tigris	2	59	Turkman	2	35
Tipple-Cider	2	103			

V

	Vol.	Pages		Vol.	Pages
Vadué	2	33	Vandike	1	82
Vampyre	2	65	Van-Loo	2	65

	Vol.	Pages		Vol.	Pages
Van-Tromp	1	124	Viscount	1	83
Vélocipède	1	97	Volcano	2	134
Vely-Pacha	2	49	Voltaire	1	100
Venison	1	112	Voltigeur	1	127
Vernon-Arabian	1	31	Volunter	1	57

W

	Vol.	Pages		Vol.	Pages
Walton	1	79	Whiskey	1	74
Wanton	1	91	White-Legged-Loutier	1	17
Wanderer	1	86	Wholebone	1	81
Waverley	1	90	William	2	159
Waxy	1	74	Williamson's	1	78
Weaser	1	69	Willon-Arabian	1	28
Weatherbit	1	122	Widcliffe	2	85
Weathergage	1	130	Woful	1	84
Id	2	139	Womersley	2	136
Wellesley-Chesnut-Arabian	1	33	Woodpecker	1	68
Wellesley-Grey-Arabian	1	33	Wood-Tock-Arabian	1	24
Wellington	2	16	Worthay	1	76
West-Australian	1	131	Worthless	2	120
Id	2	139	Wrangler	1	89
Whitelock	1	80	Wyndham	1	54
Whisker	1	87			

X

Xenocrate... 2 | 165

Y

Yemen... 2 | 9

Z

Zingaree... 1 | 98

TABLE GÉNÉRALE

PREMIÈRE PARTIE

	PAGES
Avant-propos.	4
Chevaux orientaux qui ont fourni l'espèce de pur sang en Angleterre.	11
Biographie des étalons de pur sang les plus célèbres en Angleterre.	41
Liste des vainqueurs des principaux prix d'Angleterre.	133

DEUXIÈME PARTIE

Des chevaux arabes et anglais qui ont formé l'espèce de pur sang en France.	1
Biographie des étalons de pur sang anglais introduits en France.	55
Étalons de pur sang nés en France.	141
Liste des chevaux vainqueurs dans les principales courses de France	173
Table des noms d'étalons cités dans cet ouvrage.	176
TABLE GÉNÉRALE.	184

Paris. — Typ. Morris et Comp., rue Amelot, 64.

La première et la seconde partie, formant le premier volume de cette publication, devront être reliées ensemble.

Paris. — Typ. Morris et Cⁱᵉ, rue Amelot, 64.

www.ingramcontent.com/pod-product-compliance
Lightning Source LLC
Chambersburg PA
CBHW071159240526
45470CB00017B/349